Sirwan Hassan

Plano Família sistemática Orobanchaceae Vent

Sirwan Hassan

Plano Família sistemática Orobanchaceae Vent

ScienciaScripts

Imprint
Any brand names and product names mentioned in this book are subject to trademark, brand or patent protection and are trademarks or registered trademarks of their respective holders. The use of brand names, product names, common names, trade names, product descriptions etc. even without a particular marking in this work is in no way to be construed to mean that such names may be regarded as unrestricted in respect of trademark and brand protection legislation and could thus be used by anyone.

Cover image: www.ingimage.com

This book is a translation from the original published under ISBN 978-620-2-09330-9.

Publisher:
Sciencia Scripts
is a trademark of
Dodo Books Indian Ocean Ltd. and OmniScriptum S.R.L publishing group

120 High Road, East Finchley, London, N2 9ED, United Kingdom
Str. Armeneasca 28/1, office 1, Chisinau MD-2012, Republic of Moldova, Europe
Printed at: see last page
ISBN: 978-620-8-16108-8

ÍNDICE DE CONTEÚDOS

Resumo

Os géneros e as espécies da família Orobanchaceae disponíveis nas regiões do Curdistão iraquiano nas províncias de Duhok, Arbil e Sulaimani foram estudados sistematicamente. A morfologia grosseira de todas as partes das plantas das espécies estudadas desta família foi investigada comparativamente e foi dada especial atenção à micromorfologia das sementes e dos grãos de pólen, pelo que, sempre que possível, se procedeu ao agrupamento destes géneros e espécies com base em diferentes caracteres. Os dados recolhidos nos campos, os espécimes herbários e a literatura foram considerados e as chaves disponíveis foram utilizadas para identificar os taxa inter-familiares. Foi possível reconhecer 2 géneros *(Orobanche* e *Phelypaea)* e 12 espécies (1 sp. em *Phelypaea* e 11 spp. em *Orobanche)* na região do Curdistão iraquiano, 8 das quais já tinham sido registadas anteriormente, três espécies de *Orobanche* eram novas para o Iraque *(O. arenaria, O. minor* e *O. ramosa)* e a outra espécie restante (*O. mutelii)* foi registada recentemente na região do Curdistão.

Com base em dados recolhidos de diferentes recursos, a distribuição geográfica foi efectuada com o auxílio de mapas preparados, tendo sido apontadas notas ecológicas relativas aos diferentes tipos de ambiente. Foram registadas duas espécies endémicas *de Orobanche (O. ovata* e *O. singarensis),* por outro lado, observou-se que *O. aegyptiaca* Pers. era a espécie mais amplamente distribuída (espécie comum) e *Phelypaea coccinea* era a espécie rara (apenas na montanha Piramagrun atualmente), o período de floração de março a junho também foi observado, existem insectos parasitas nas plantas *de Orobanche* que influenciam ed na sua eficiência de distribuição.

Capítulo 1

INTRODUÇÃO E REVISÃO DA LITERATURA

1 - Introdução

A família Orobanchaceae tem uma distribuição cosmopolita e as suas espécies são de parasitismo obrigatório, Davis etal (1982) e Boulos (1988) referiram cerca de 200 espécies em 14 géneros da família, maioritariamente distribuídas nas zonas temperadas (velho mundo) e em menor número nas regiões frias ou quentes do mundo. De um modo geral, as mudanças contínuas nas posições dos taxa resultaram numa instabilidade do número de espécies no reino vegetal, pelo que, de acordo com o presente estudo, ficou claro que não existem estudos abrangentes e precisos sobre esta família, com dados insuficientes a nível universal (monografia), do mesmo modo que o número de géneros e espécies de Orobanchaceae apresenta algumas dissemelhanças em diferentes literaturas. A importância deste trabalho consiste em completar os dados deficientes que existem localmente sobre determinados taxa da família na região do Curdistão - Iraque com esclarecimentos sobre informações sistemáticas não óbvias, especialmente para verificar as classificações e a distribuição geográfica como um conhecimento mínimo necessário para tratar qualquer taxa. As regiões inquiridas compreendiam cerca de 15-18% da área total do Iraque em seis distritos.

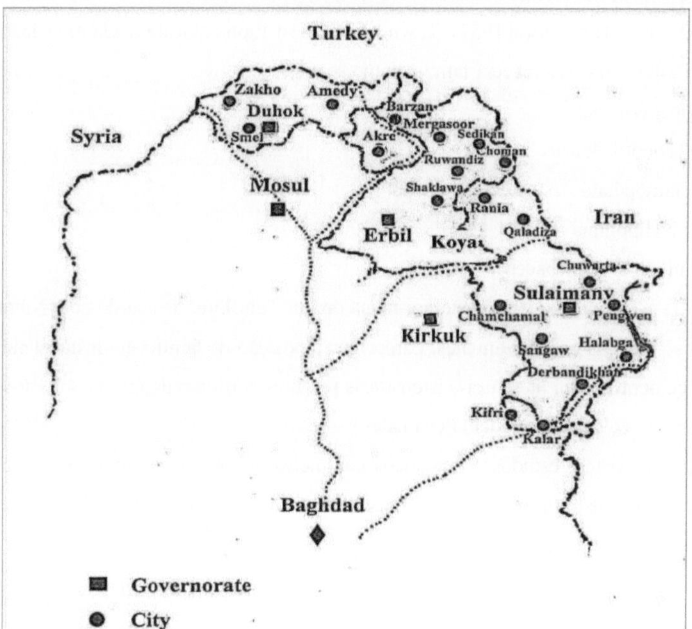

Fig. (1) Mapa das regiões inquiridas (recolha)

Os especialistas mencionaram diferentes números de géneros e espécies, como se segue: Post 1933: 21 spp. em 4 géneros distribuídos na Síria, Palestina e Sina; Rechinger 1964 (Flora Iranica): 58 spp. em 3 géneros no Irão; também Rechinger 1964 (Flora Lowland of Iraq): 7 spp. em 2 géneros no Iraque; Tutin e et al, 1972: 59 spp. em 4 géneros na Europa; Tackholn 1974: 14 spp. em 2 géneros no Egito; Jafri 1976: 22 spp. em 4 géneros no Paquistão Ocidental; Migahid 1978: 7 spp. em 2 géneros na Arábia Saudita; Jafri e El-Gadi 1978: 12 spp. em 2 géneros na Líbia; Davis e et al (Flora of Turkey) 34 spp. em 4 géneros. Ridda e Daoud 1982: 11 spp. em 3 géneros no Iraque.

Os estudos e listas de verificação disponíveis sobre as plantas iraquianas não dão uma imagem clara do número e da distribuição das espécies, assim como são parcialmente fiáveis como dados taxonómicos, pelo que os objectivos deste estudo na região do Curdistão são

1. Determinação dos géneros e espécies com ecologia e distribuição geográfica.
2. Estudar a morfologia grosseira e a palinologia das espécies incluídas.
3. Tratamento taxonómico das espécies incluídas.

2 - Revista Literaturas

A - Posição sistemática da família:

Linnaeus (1753) descreveu a família dentro da classe Angiospermae: Didynamia; Bentham e Hooker 1862 -1883, Hutchinson 1959 e Townsend e Guest 1966 colocaram a família dentro da ordem Personals; Blatter 1914 descreveu a família como segue:

Classe: Angiospérmicas
  Subclasse: Dicotiledóneas
    Ordem: Gamopétalo
      Série: 2 Hipoginia
        Família: Orobanchaceae.

Rendle (1975) e Tutin et al (1972) listaram-na na ordem Tubiflora, de acordo com Nikrent (2001) a família foi colocada na ordem Lamiales. Parece que a posição da família era instável anteriormente, no entanto, de acordo com literaturas sistemáticas recentes, a ordem da família tornou-se constante, sendo atualmente colocada na ordem Personales.

Até à data, não existem estudos sistemáticos completos sobre esta família no Iraque e todas as publicações e listas elaboradas no Iraque mencionam os diferentes números de espécies e géneros que se distribuem no Iraque, como se segue:

Handle-Mazzetti, 1910 (app. 1): 8 spp. em 2 géneros *(Cistanche* e *Orobanche),* 4 spp. em *Orobanche* estavam distribuídas nas regiões do Curdistão *(O. aegyptiaca, O. major, O. anatolica* e *O. singarensis);* Zohary,1946 (app. 2): 9 spp. em 3 géneros *(Orobanche, Cistanche* e *Phelypaea)* estavam distribuídas no Iraque, 7 das quais no Curdistão (*O. aegyptiaca, O. mutelii, O. kurdica, O. singarensis, O. coelestis, O. anatolica* e *Phelypaea coccinea);* Blakelock, 1949 (ap. 3): 5 spp. em 2 géneros *(Orobanche* e *Cistanche*) no Iraque, 4 spp. em *Orobanche* distribuídas no Curdistão (*O. aegyptiaca, O, anatolica, O. crenata* e *O. ovata);* Rechinger,(Flora Lowland of Iraq 1964) (app. 5): 7 spp. em 2 géneros (*Orobanche* e *Cistanche*) distribuem-se no centro e no sul do Iraque; Rechinger (Flora Iranica 1964) (app. 4): refere 12 spp. em 2 géneros (*Cistanche* e *Orobanche*), 9 spp. em *Orobanche* distribuídas no Curdistão (*O. kotschyi, O. pogonanthera, O. kurdica, O. coelestis, O. lavandulaceae, O. crenate, O. hohenakeri, O. cypris* e *O. anatolica);* Al. Rawi, 1964 (app. 6): é um resumo de listas anteriores (H. Mazzetti 1910, Zohary 1946 e Blacelock 1949) que incluía 10 spp. em *Orobanche*, 8 das quais distribuídas no Curdistão (*O. aegyptiaca, O. anatolica, O. kurdica, O. coccinea, O. ovata, O. crenate, O. mutelii* e *O. singarensis);* Chackravarty 1976: 10 spp. em *Orobanche* distribuídas no Iraque sem indicar a sua distribuição nas regiões do Curdistão; Karim, 1978: 10 spp. em 2 géneros (*Orobanche* e *Cistanche*), 8 spp. de *Orobanche* distribuídas no Curdistão (*O. aegyptiaca, O. crenata, O. coelestis, O. anatolica, O. coccinea, O. ovata, O. singarensis* e *O. mutelii*); Khalaf, 1980 (tese de mestrado) (app. 7): 3 spp. em *Orobanche* na montanha Sinjar; Ridda e Daoud 1982 (lista mais recente de plantas iraquianas) (app. 8): é um resumo de listas anteriores (H-Mazzetti 1910, Zohary 1946, Blacelock 1949 e Al-Rawi 1964) que incluem 11 spp. em 3 géneros (*Orobanche* e *Cistanche* e *Phelypaea*), 8 spp. em 2 géneros (*Orobanche* e *Phelypaea*) distribuídas no Curdistão (*O. aegyptiaca, O. anatolica, O. ovata, O. crenata, O. coelestis, O. kurdica, O. singarensis* e *P. coccinea*); Faris, 1983 (tese de mestrado) (app. 9): 5 spp. em 2 géneros *(Phelypaea* e *Orobanche)* estavam distribuídas na montanha de Piramagrun (*O. aegyptiaca, O. kurdica, O. ovata, O. anatolica* e *O. coccinea);* Al-Khesrajy, 1989 referiu *O. ramosa* como um novo registo para o Iraque, encontrado em Aski Kalak, perto de Arbil, que parasita *Prunus armeniaca*, do qual não existem espécimes nos herbários iraquianos.

B - Utilizações terapêuticas e populares:

No passado, houve tentativas de utilizar algumas espécies de *Orobanche* como forragem para fins de distração, mas não foram recomendadas, uma vez que a viabilidade das sementes não é afetada, mesmo quando passam pelos canais alimentares das taboas, pelo que não são eficazes (Chackravaty, 1976). Durante os séculos 16th e 17th , a colza *(O. major)* da Europa e da Rússia era prescrita como erva medicinal em quase toda a Europa "como removedor de pedras na bexiga e nos rins - e como provocador de urina abundante" e era geralmente administrada decocta em vinho. Segundo consta, tinha um sabor amargo e era muito adstringente (Marudarjan, 1950). Este aplica-se externamente, sendo o sumo considerado "um remédio singular" no tratamento de feridas verdes antigas, úlceras e feridas malignas e úlceras com crostas. Os espigões florais decantados eram utilizados como lavagem para a limpeza da pele e para sardas, manchas negras ou azuis. A planta inteira de algumas espécies, depois de ceder as suas virtudes à água ou ao álcool, era administrada com proveito nos fluxos e diarreias e em certas afecções da bacia, e como aplicação útil nas úlceras obstinadas, enquanto localmente se aplicava nas feridas onde se evitava ou detinha o processo de mortificação e se detinham as gangrenas. Atualmente, a giesta é raramente utilizada em medicina, provavelmente devido ao seu sabor nauseabundo (Marudarjan, 1950).

C - Nomeação:

Theophrastus 371-286 a.C. foi o primeiro a indicar o *Orobanche* como parasita da *Vicia ervilia,* também Dioscorides em 1st século descreveu *o Orobanche* como parasita das leguminosas, a origem do nome da família é grega, o que significa que o parasita mata o Orobus (hospedeiro) (Chackravarty. 1976 e Jaeger, 1944), o nome broomrape é uma tradução do latim medieval Rapum genistea, botão de vassoura ou tubérculo, rapum sendo botão ou corcunda formado pelas raízes das árvores, portanto este nome não é originalmente popular (Thieret, 1971). A vassoura apareceu pela primeira vez em inglês, traduzida do francês por Henry Lyte (1529? -1607) e publicada em 1578. A excrescência que vem da raiz da Vassoura é chamada em latim Ragum Genistea, ou seja, Vassoura (Thieret, 1971). O nome Orobanchaceae foi retirado do género típico *Orobanche*, que é o maior género da família e é conhecido como broomrape em inglês e cancer root na América do Norte. Em árabe é designada por Al-Halukiya, em curdo por Gurgaiakan (Abu-Bakir, F. A. O. 2000), de acordo com as etiquetas de espécimes secos (herbários iraquianos), a espécie *Orobanche aegyptiaca* é Al-haluk em Mousel e Lissan Al-Thaur em Bagdade, mas nas regiões do sul do Iraque é conhecida por Theba. Nas regiões curdas, e de acordo com a inquirição dos agricultores e das populações locais e com as etiquetas dos espécimes secos nos herbários iraquianos, existe uma espécie comum e mais conhecida do que outras, *O. aegyptiaca*, designada por Qatir Suwar ou Yester Suwar ou Kalaga Suwar em Kifri, Sherkala Suwar na região de Hawraman, Gia kala nas regiões de Sulaimani, Gurga nas regiões de Arbil e Duhok e Giakuzha em algumas outras regiões.

Capítulo 2

Ecologia e distribuição geográfica

1 - Introdução:

Orobanchaceae (família das vassouras) está amplamente distribuída nas zonas quentes e temperadas, cerca de 90% das espécies de Orobanchaceae são nativas do Velho Mundo e apenas cerca de 10% das espécies ocorrem nas regiões frias ou quentes (Thieret, 1971). As espécies de Orobanchaceae apresentam uma grande variação na sua morfologia em diferentes condições ambientais. Os factores geográficos controlam fortemente o tipo de vegetação, o grau de especiação, a variabilidade entre populações de plantas e os caracteres dos táxones em áreas definidas. Os dados sobre a distribuição geográfica de Orobanchaceae nesta investigação foram obtidos de alguns espécimes herbários que foram previamente estudados e de literaturas e observações pessoais de campo.

2 - Materiais e métodos:

Os materiais propostos que serviram de fonte de dados para este estudo são rótulos de espécimes herbários, viagens de campo pessoais e a literatura, bem como as listas de plantas iraquianas publicadas por: Handle Mazzetti, 1910; Zohary, 1946; Blackelock, 1949; Al- Rawi, 1964; Khalaf, 1980; Ridda e Daoud, 1982; Faris, 1983, e sobre as algumas Floras como: Flora of Syria. Pal,. Sin. (Post, 1933); Flora Iranica (Parsa, 1949); Flora Lowland of Iraq (Rechinger, 1964); Flora Iranica (Rechinger, 1964); Flora of Turkey (Davis e et al, 1982). As altitudes foram medidas por altímetro, enquanto a terminologia taxonómica utilizada neste estudo foi derivada de Lawrence, 1951; John Linndely, 1964; Guest, 1966; Al-Mussawi, 1987; Al-Katib, 1988.

Todos os espécimes, incluindo o material-tipo examinado, tinham a sua distribuição geográfica e habitat, dados registados num cartão de índice. A distribuição geográfica foi efectuada com a ajuda de mapas preparados (fig. 2, 3, 4, 5) e centra-se nas regiões do Curdistão iraquiano, tendo algumas espécies sido fotografadas nos seus habitats naturais, como na pl. (4).

3 - Resultados:

A - Ecologia e distribuição geográfica: (fig. 2, 3, 4, 5, 6, 7; tab. 2)

Foi registada a distribuição geográfica das espécies com algumas notas ecológicas que são úteis para isolar as espécies. Verificou-se que a maior parte das espécies da família Orobanchaceae no Iraque se distribui na região do Curdistão, sendo que 3 espécies de *Orobanche* são novos registos para o Iraque e a espécie *Orobanche mutelii* é novo registo para o Curdistão, pelo que existem 12 espécies em 2 géneros que se distribuíram nas regiões do Curdistão. Todas as espécies estudadas são parasitas obrigatórias, pelo que a sua distribuição depende dos seus hospedeiros e algumas espécies têm uma grande população, como é o caso de *O. aegyptiaca*, por ser cultivada em campos culturais (tabaco e tomate), enquanto algumas espécies, como *O. crenata, O. kurdica* e *O. ovata*, têm uma distribuição escassa, enquanto espécies como *Phelypaea coccinea* e *O. arenaria* são raras ou têm uma distribuição abundante, como é o caso de *O. aegyptiaca.* A espécie *O. aegyptiaca* {fig. (3, 6, 7), tab.(2)} é a espécie mais amplamente distribuída desde Kifri (FKI), a sul das regiões estudadas, até Kany Massy, perto de Zakho (MAM), a norte das regiões estudadas, com uma aparência densa nos campos hospedeiros, pelo que a *O. aegyptiaca* foi encontrada em todos os distritos incluídos nesta investigação, a sua altitude varia entre 200 e 1700 m e aparece em diferentes ambientes (clima e solo).

A espécie *O. anatolica* (fig.4, 6, 7; tab.2) é dominada entre as Orobanchaceae nas montanhas de Piramagrun e Azmer (MSU), a sua altitude (900 -1800m) em montanha rochosa, uma vez que é atualmente parasita de plantas selvagens. A espécie *O. arenaria* (recentemente registada) (fig.4, 6, 7; tab.2) propagada na montanha Piramagrun (MSU), distrito, (750 -1750m) foi encontrada raramente e é atualmente parasita de plantas selvagens. *O. coelestis* (fig. 5, 6, 7; tab. 2) distribui-se na montanha de Piramagrun (MSU) e Arbil (MRO), (750 -1750 m) o seu habitat é rochoso. montanha. *O. crenata* (fig. 4, 6, 7; tab. 2) distribui-se em Duhok (MAM) e na montanha Piramagrun (MSU), (900 -1800m), parasita atualmente apenas plantas silvestres. *O. kurdica* (fig.5, 6,,, 7; tab.2) distribui-se em Zakho e Duhok (MAM), Chuwarta e montanha Piramagrun (MSU), (900 -1800m), com elevada densidade. *O. minor* (novo registo) (fig. 4, 6, 7; tab. 2) dispersa em Duhok (MAM) e na montanha Sartaky Bamou (FPF), (1100 -1750 m), parasita apenas plantas silvestres, o seu habitat é a montanha rochosa. *O. mutelii* (recentemente registada no Curdistão) (fig. 4, 6, 7; tab. 2) distribui-se em Kalar (FPF), (200 - 450m), o seu habitat é semi-desértico, e atualmente parasita plantas silvestres.

Tab. (1) Herbários utilizados durante o estudo abreviatura segundo Holmgren e Keuken 1989

i BAG i	Bagdade Iraque. Escola Superior de Agricultura
BAH	Bagdade, Iraque. Herbário nacional do Iraque
BUH	Bagdade, herbário universitário, Faculdade de Ciências, Departamento de Biologia

BUNH	Bagdade, Iraque. Centro de investigação de história natural da Universidade de Educação de Bagdade
BUE	Bagdade, Iraque. Dep. de Biologia, Faculdade de Educação, Universidade de Bagdade
SUH	Arbil, Iraque. Faculdade de Ciências, Universidade de Salahaddin
ESUH	Erbil, Iraque. Faculdade de Educação da Universidade de Salahaddin
MSUH	Mosul, Iraque. Faculdade de Ciências, Universidade de Mossul

O. ovata (espécie endémica) (fig. 4, 6, 7; tab. 2) distribuída apenas na montanha Piramagrun (MSU) e Sere Hassan Beg (MRO), (1500 -2000m), o seu habitat é a montanha rochosa, sendo atualmente parasitada por plantas selvagens. *O. ramosa* (registo recente) (fig. 5, 6, 7; tab. 2) distribuída em Zakho (MAM) e Erbil (MRO), (600 - 850 m), em colinas, planaltos e Montanhas Rochosas, parasita tanto plantas selvagens como cultivadas.

A espécie *O. singarensis* (espécie endémica) (fig.5, 6, 7; tab.2) distribui-se nas montanhas Chuwarta e Piramagrun (MSU) e Kalar (FPF), para além da montanha Sinjar (FJS), (200 - 900m), os seus habitats são planícies e montanhas rochosas. *P. coccinea* (espécie rara) {fig.(5, 6, 7), tab.(2)} distribui-se atualmente apenas na montanha Piramagrun (MSU), a sua altitude é de (1500 -2000m), parasita apenas plantas selvagens, por outro lado as espécies *O. aegyptiaca, O. coelestis* e *O. mutelii* estão distribuídas noutras regiões do centro e do sul do Iraque (de acordo com as etiquetas de espécimes herbários e listas anteriores de plantas iraquianas) que são totalmente diferentes dos seus habitats com os habitats do Curdistão em (clima, altitude, tipo de solo e hospedeiros). A densidade das populações das espécies estudadas dependia das densidades das populações dos seus hospedeiros e, de certa forma, das condições e ambientes de germinação. A maioria das espécies aparece em número reduzido nas suas populações, uma vez que são parasitas apenas de plantas selvagens em habitats de montanha rochosa, semi-desérticos ou desérticos, o que leva à germinação de um número reduzido de plantas parasitas das espécies estudadas.

Todas as espécies de Orobanchaceae são plantas parasitas obrigatórias e, portanto, dependem dos seus hospedeiros nas suas distribuições geográficas, algumas destas espécies parasitam em plantas cultivadas e outras em plantas selvagens, enquanto algumas espécies em ambas, da mesma forma estas espécies podem desaparecer nos seus locais originais quando os seus hospedeiros estão ausentes, o que pode levar a uma mudança na distribuição geográfica destas espécies de tempos a tempos, assim, observou-se que algumas espécies foram distribuídas em regiões limitadas (de acordo com os espécimes herbários), mas desapareceram nestas regiões apesar da investigação exacta.

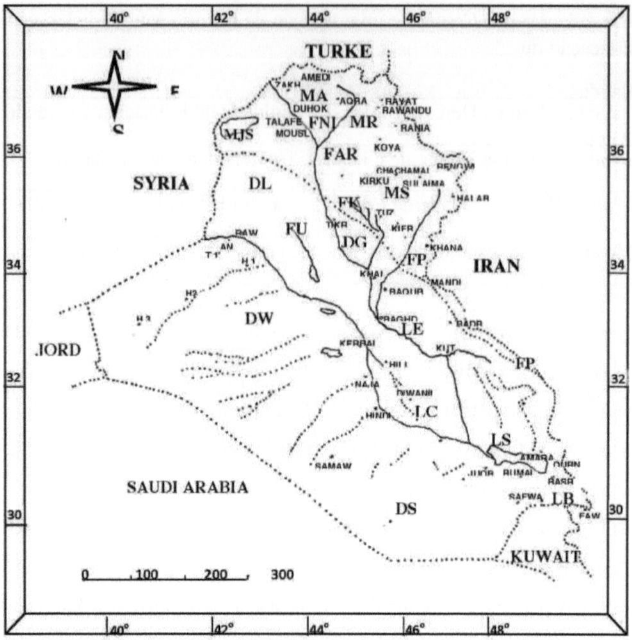

Fig. (2) Regiões fisiográficas e distritos do Iraque
(de Guest, 1966, com algumas modificações)

M - REGIÃO DE MONTANHA	F - REGIÃO DAS PLANÍCIES SUPERIORES E
MAM - Distrito de Amadiya MRO - Distrito de Rowanduz	FUJ - Distrito da Alta Jaziera FNI- Distrito de Nieneveh
MSU - Distrito de Sulaimani	FAR- Distrito de Arbil
MJS - Distrito de Jabal Singar	FKI - Distrito de Kirkuk
	FPF - Distrito Persa
D - REGIÃO DO PLANALTO INFERIOR	L - REGIÃO DA MESOPOTÂMIA INFERIOR
DLJ - Distrito da Baixa Jaziera	LEA - Distrito da Planície Aluvial Oriental
DGA- Ghurfa - Distrito de Adhaim	LCA - Distrito da Planície Aluvial Central
DWD - Distrito do Deserto Ocidental	LSM - Distrito de Southern Marsh
DSD - Distrito do Deserto do Sul	LBA - Distrito Estuarino de Basra

Regiões e distritos fisiográficos do Iraque.

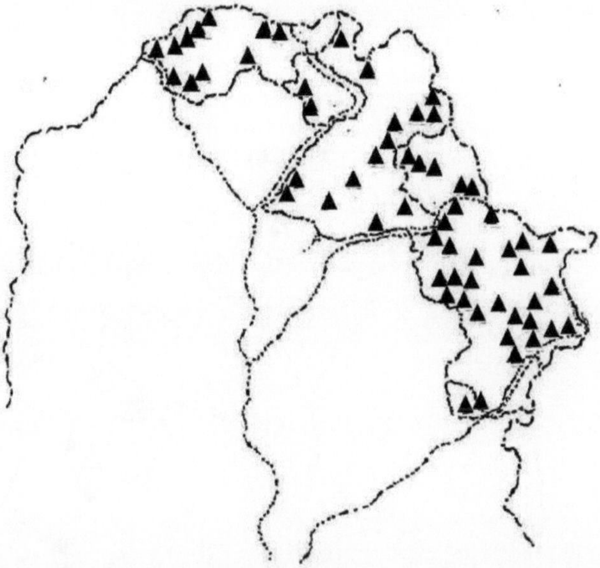

Fig. (3) Mapa de distribuição de:
O. aegyptiaca

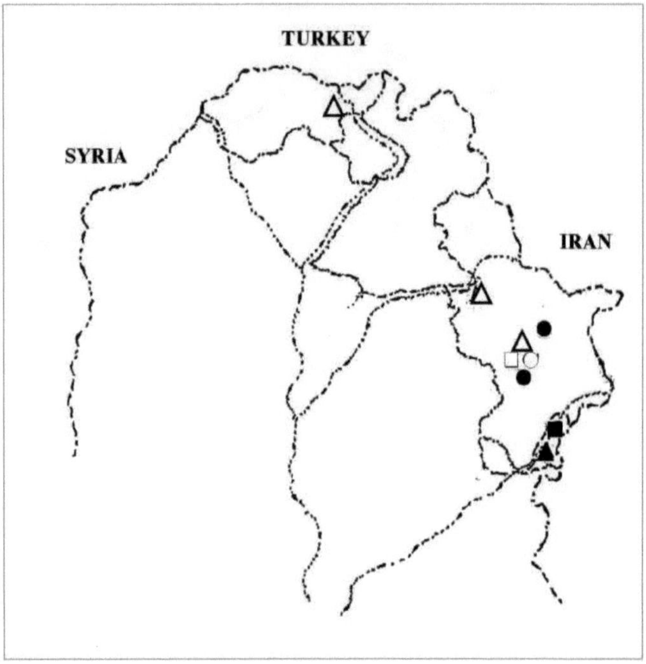

Fig. (4) Distribution map of:

□ *O. ovata* ▲ *O. mutelii* ○ *O. arenaria*

■ *O. minor* △ *O. crenata* ● *O. anatolica*

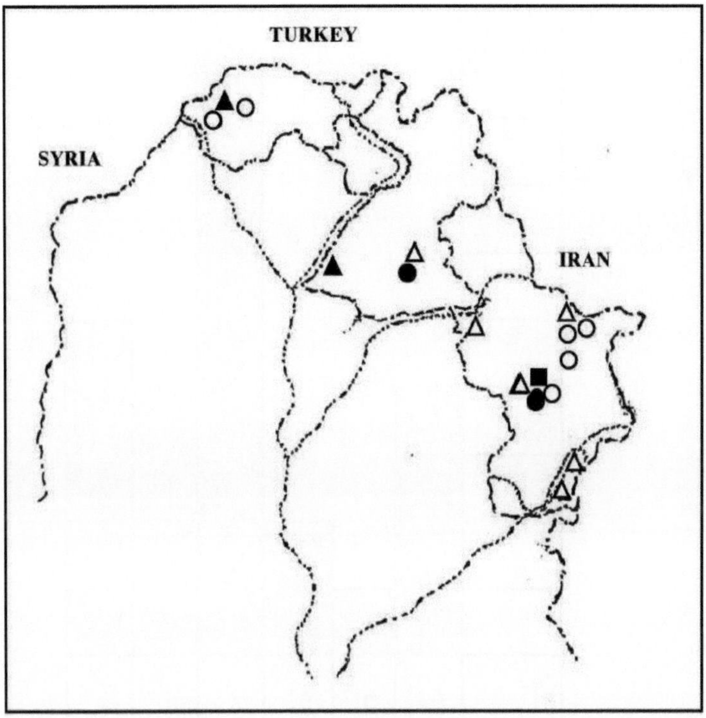

Fig. (5) Distribution map of:

△ *O. singarensis* ■ *coccinea* *O.*○*kurdica*

▲ *O. ramosa* *O.*● *coelestis*

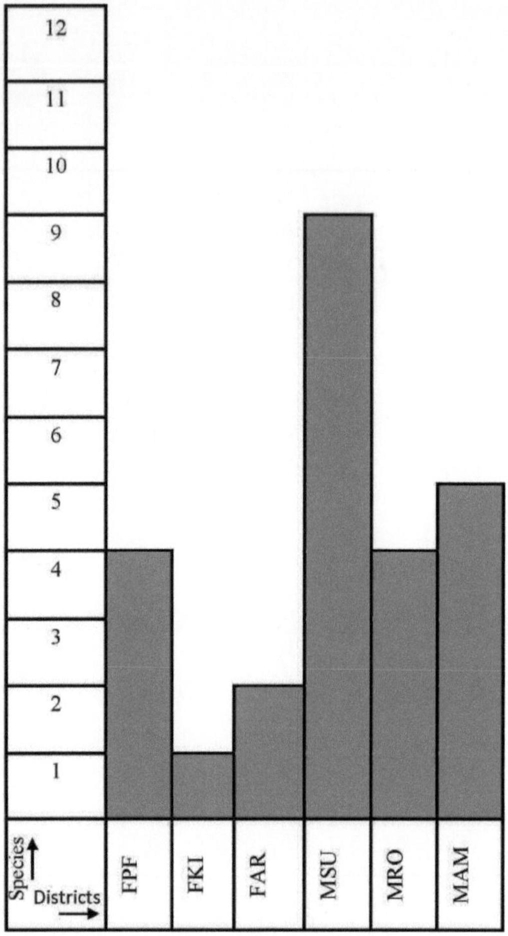

Fig. (6) Número de espécies estudadas que se distribuem em cada distrito.

Tab.(2) Distribuição geográfica, altitudes e hospedeiros das espécies estudadas

spp.	Distritos geográficos							Anfitriões		alt. (m)
	MAM	MRO	MSU	FNI	FAR	FKI	FPF	Plantas silvestres	plantas cultivadas	
O. aegyptiaca	*	*	*	*	*	*	*	*	*	200 -1500
O. anatolica			*					*		1300 - 1750
O. arenaria			*					*		1500 - 1750
O. coelestis		*	*					*	*	750 - 1750
O. crenata	*		*					*		1500 - 2000
O. kurdica	*		*					*		900 - 1800
O. minor	*						*	*		1100 - 1400
O. mutelii							*	*		200 - 400
O. ovata		*	*					*		1500 - 2000
O. ramosa	*				*			*	*	600 - 850
O. singarensis		*	*				*	*		200 - 1500
P. coccinea			*					*		1600 - 2000

Capítulo 3

MORFOLOGIA

1 - Introdução:

As caraterísticas morfológicas são, desde há muito, a base para a descrição e classificação de grupos de plantas. Apesar do advento de novas técnicas nos últimos 50 anos, a morfologia continua a fornecer a maior quantidade de informação para o maior número de plantas em estudos taxonómicos. No entanto, tem havido uma consciencialização crescente do valor do estudo de pormenores da micromorfologia de grãos de pólen, sementes, pêlos, superfície das folhas, etc., que se tornam mais facilmente acessíveis com equipamento melhorado, entre outros. A morfologia geral das espécies foi cuidadosamente estudada tanto em materiais vivos no campo como em materiais herbários.

Uma avaliação do papel das caraterísticas morfológicas relacionadas à taxonomia de Orobanchaceae é fornecida. Os herbários utilizados neste estudo estão listados no quadro (1) e a terminologia utilizada está de acordo com o seguinte: Lawrence (1951); John Lindely (1964); Guest (1966), Al-Mussawi (1987); Al-Katib (1988). O objetivo desta investigação foi ilustrar da forma mais completa possível a morfologia grosseira de cada táxon, utilizando material do maior número possível de localidades diferentes, tendo sido feitas todas as tentativas para examinar todos os espécimes-tipo relevantes. Algumas fotografias foram tiradas do campo e de espécimes herbários e são apresentadas algumas das fotografias importantes de espécies raras.

2 - Materiais e métodos:

Os espécimes foram recolhidos durante viagens de campo de março a julho (2000 e 2001), incluindo 80 recolhas em mais de 100 localidades em diferentes distritos do Curdistão, foram utilizados alguns espécimes secos herbários iraquianos e referências botânicas, todos os materiais recolhidos foram tratados como espécimes herbários, tendo-lhes sido atribuídos números especiais, etiquetas e identificação com atenção aos nomes comuns e utilizações médicas, se encontrados, algumas floras foram utilizadas nesta investigação para a identificação da distribuição geográfica, tais como a Flora of Iranica (Rechinger, 1964), a Flora of Europe (Tutin e et al, 1972) e a Flora of Turkey (Davis e et al, 1982), bem como fotografias explicativas de sementes, grãos de pólen e pêlos para determinar a sua forma, cor e dimensões

3 - Resultados:

A - Hábito e duração:

Ervas anuais ou perenes, com caule ereto, simples ou ramificado, todo o ciclo de vida, desde a germinação da semente até à produção de sementes, requer cerca de 3-7 meses, todas as espécies são obrigatórias e holoparasitas nas raízes de outras plantas (hospedeiras), na sua maioria herbáceas dicotiledóneas. O crescimento e o desenvolvimento destas espécies não ocorrem espontaneamente na natureza, mas sim através de estimulantes químicos libertados pelas raízes dos hospedeiros. A maioria das espécies tem mais do que um hospedeiro e muitas espécies parasitam o mesmo hospedeiro.

B - Haustoria (sistema radicular):

O sistema radicular das espécies da família é diferente do das plantas com flores não parasitas; os haustórios estão a usar em vez da raiz nestas espécies. De Candolle, 1813 foi o primeiro que se referiu ao termo haustório em *Cuscuta*, que significa órgão especializado na planta parasita para absorção do hospedeiro para o parasita (Al-Khesraji, 1988). As funções dos haustórios são a fixação, a penetração e o canal condutor do elemento nutritivo do hospedeiro para o parasita (Stewart e Press, 1990). O haustório forma-se após a germinação da semente, após a germinação de uma estrutura hialina semelhante a uma raiz, o tubo germinativo expande-se para fora da testa, podendo atingir um comprimento de 3 - 4 mm. com um diâmetro de 1,5 mm. Quando o tubo germinativo atinge a raiz do hospedeiro, fica com a espessura da ponta e fixa-se à superfície da raiz. O espessamento é conhecido como appressorium (do Lat. apprimer = prender, fixar) (Miller, 1994). O apressório liga-se através da degradação enzimática e da penetração mecânica dos vasos radiculares do hospedeiro; este tecido de ligação é o haustório (do Lat. haurire = beber) (Link & et al, 1989). Após o contacto entre o apressório e o hospedeiro, formam-se os vasos, sendo o primeiro doravante designado por tubérculo (do Lat. tuberculus = pequena saliência - botão). Este órgão de cor amarela a laranja, começa agora a alargar-se, o tubérculo maduro tem 0,5 - 2,5 cm de espessura na maioria das espécies, embora seja mais espesso nalgumas (até 5 cm). Com este órgão o parasita retira água, compostos minerais e orgânicos do hospedeiro (Stewart e Press, 1990). O haustório é constituído por duas partes, o endófito é a parte que se situa no interior da raiz do hospedeiro e o haustório superior é a parte que se situa no exterior da raiz do hospedeiro (Al-Khesraji e Aziz, 1988). As suas dimensões variam consoante a espécie, geralmente os haustórios são glabros, de cor castanha clara, amarela ou pálida, com comprimento até 1 m, sólidos, cilíndricos, todos os seus caracteres morfológicos são semelhantes entre as espécies, pelo que são inúteis na classificação.

C - Caules: (tab. 3)

Os resultados mostraram que o modo de ramificação, a cor, o comprimento e a espessura são caracteres com valores taxonómicos. Caule ereto; ascendente; sólido em *Orobanche,* oco em *Phelypaea coccinea.* Espécies com caule ramificado como em *O. aegyptiaca, O. arenaria, O. coelistis* e *O. ramosa* e outras com caule não ramificado como em *O. anatolica, O. crenata, O. kurdica, O. minor, O. mutelii, O. ovata, O. singarensis* e *P. coccinea.* A cor dos caules varia entre castanho escuro, púrpura acastanhado, vermelho acastanhado ou violeta acastanhado em *O. anatolica, O. crenata, O. kurdica* e *P. coccinea,* e amarelo, púrpura amarelado, branco amarelado ou branco em *O. aegyptiaca, O. arenaria, O. coelestis, O. minor, O. mutelii, O. ovata, O. ramosa* e *O. singarensis.* Comprimento 12-77cm. O indumento do caule nas espécies estudadas é piloso glandular curto ou longo ou ambos com variação na densidade. A espessura do caule difere de fina, como em *O. ramosa*, a espessa, como em *O. crenata*

Tab. (3) dimensões dos caules (cm) e morfologia das espécies estudadas.

[s]pp.	comprimento do caule (cm)	diâmetros do caule (cm)	forma do caule	cor do caule	tipo de haste
O. aegyptiaca Ж	(12 - 53)30	(0.3 -1.5) 0.9	ramificado	amarelo, branco sujo	cilíndrico sólido
O. anatolica Ж	(10 - 30) 18	(0.4 -1.7) 1.2	não ramificado	vermelho-acastanhado	cilíndrico sólido
O. arenaria Ж	(20 - 28) 25	(0.3 - 0.7) 0.5	não ramificado	amarelo-acastanhado	cilíndrico sólido
O. coelestis ЖЖ	(15 - 30) 22	(0.2 - 0.9) 0.6	ramificado	amarelo-violeta, amarelo	cilíndrico sólido
O. crenata Ж	(15 -77) 45	(0.5 -1.9) 1.3	não ramificado	amarelo-acastanhado	cilíndrico sólido
O. kurdica Ж	(18 - 53)35	(0.5 -1.7) 1.1	não ramificado	castanho-arroxeado	cilíndrico sólido
O. minor Ж	(15 - 45) 32	(0.4 -1) 0.8	não ramificado	castanho claro	cilíndrico sólido
O. mutelii ЖЖ	(10 -20) 15	(0.3 - 0.9) 0.5	ramificado	amarelo	cilíndrico sólido
O. ovata ЖЖ	(5 -11.5) 10	(0.6 -1.1) 0.9	não ramificado	Amarelo	cilíndrico sólido
O. ramosa ЖЖ	(10 -20) 14	(0.2 - 0.8) 0.6	ramificado	amarelado	cilíndrico sólido
O. singarensis ЖЖ	(15 -22) 18	(0.5 -1) 0.8	não ramificado	castanho claro, amarelo	cilíndrico sólido
P. coccinea Ж	(20 - 58) 40	(0.5 -1.2) 0.9	não ramificado	vermelho, vermelho acastanhado	cilíndrico oco

* As medidas e os caracteres foram tirados de 15 a 20 espécimes, os valores entre parênteses laterais representam o máximo e o mínimo e o número fora dos parênteses representa a média.

ЖЖ Medidas e caracteres obtidos de três espécimes das espécies *O. coelestis, O. singarensis,* e de dois espécimes de *O . ovata, O . ramosa & O . mutelii*

D - Saída: (fig. 8; tab. 4)

Folhas reduzidas; semelhantes a escamas; desprovidas de clorofila; sésseis ou sub-sésseis; comprimento 455 mm; largura 2 - 38 mm; ovadas, lanceoladas ou triangulares; ápice acuminado ou agudo; nervuras paralelas; margem inteira; base arredondada; cor castanha, púrpura acastanhada, violeta acastanhada, castanha clara, amarela, branco-amarelada, pálida amarelada, castanha amarelada ou branca; pêlos densamente longos ou curtos, pilosos glandulares.

E - Brácteas: (fig. 9; tab. 4)

As brácteas são escamosas (como folhas escamosas). As brácteas que aparecem com as flores mais jovens da inflorescência são geralmente grandes, e diminuem de tamanho com as flores sucessivas até serem muito pequenas no topo da maioria das inflorescências, as brácteas são geralmente mais longas do que o tubo do cálice, todas as espécies estudadas são bracteadas, exceto *P. coccinea* que é ebracteada. Em geral, as brácteas são simples; ovadas, lanceoladas, triangulares ou elípticas a oblongas; ápice acuminado, agudo ou triangular; cor amarela, amarela pálida, branca, castanha, castanha escura, púrpura acastanhada ou vermelha acastanhada; margem inteira; pêlos pubescentes glandulares pilosos ou glandulares pilosos; nervuras paralelas e numerosas; dimensão 4-27.5x1.5-11mm. A morfologia das brácteas (cor e tamanho) é variável em função das condições ambientais, das fases vegetativas e da sua posição nos caules, pelo que são taxonomicamente inúteis.

F - Bracteóis: (tab. 5)

Bracteolos 2; conatos na base do tubo do cálice; lineares, lanceolados ou filiformes; ápice acuminado; margem inteira; cor amarela, amarelada-pálida; 4-12 x 0.3-1.5mm.; pêlos geralmente curtos ou longos glandulares pilosos; presentes em *Orobanche aegyptiaca, O. arenaria, O. mutelii, O. ramosa* e *O. coelestis,* ausente nas espécies *O. anatolica, O. crenata, O. kurdica, O. minor, O. ovata, O. singarensis* e *Phelypaea coccinea.*

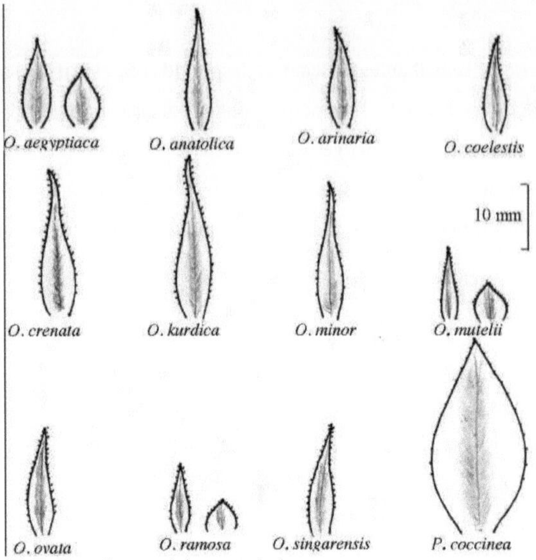

Fig.(8) Folhas das espécies estudadas

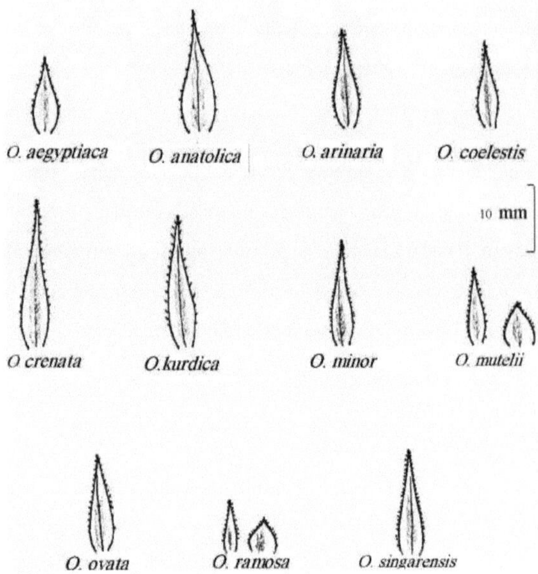

Fig. (9) Brácteas das espécies estudadas

Tab. (4) Dimensões da inflorescência (cm), folhas e brácteas (mm) das espécies estudadas.

spp.	compriment o infloresce nte	largura da inflorescênc ia ence	número de flores	folhas escamosas		brácteas	
				comprimento	largura	comprimento	largura
O. aegyptiaca *	(2 - 23) 14	(1.5 -3) 2.5	3 - 30	(4 - 15) 10	(1.5 - 5) 4	(4 -12) 9	(2-6) 4.4
O. anatolica *	(3 - 22) 13	(2.5 - 4.5) 3.5	7 - 45	(10 - 20) 17	(5 -10) 8	(7 - 23) 18	(3 - 8.5) 7
O. arenaria *	(4 - 12) 9	(2.5 - 5) 4	10 - 30	(7-19) 15	(2.5 - 6.5) 5	(8 -15.5) 13.5	(2 - 5.5) 4
O. coelestis **	(2.5- 8.5) 6	(2 - 3) 2.5	3 - 25	(5.5 -13) 10	(2.5 - 7.5) 5	(6.5- 13.5) 11	(3.5 - 6.2) 5.5
O. crenata *	(10 - 45) 27	(2.5-4.5) 3.5	15 - 75	(15 - 30) 24	(4 -12) 9.5	(15 - 27) 23	(3.5 - 8) 7
O. kurdica *	(15 - 30) 18	(1.5-3.5) 3	10 - 50	(10 - 35) 25	(7-15) 12.5	(13 -27.5) 22	(6 -11) 9.5
O. minor *	(3 - 20) 13	(1.5- 3.5) 2.5	5 - 40	(10 - 24) 19	(3 -12) 9	(8 -17) 14	(3.5 - 6) 5.5
O. mutelii **	(6 -11) 9	(2.5 - 4) 3	7 - 35	(4 - 11) 8	(3 - 5.5) 4.5	(5 -13) 9.5	(1.5 - 4) 3
O. ovata **	(2.5 - 8) 6	(1.5 -3.5) 3	5 - 20	(8 - 15) 12.5	(3 - 7) 5.5	(10-17) 15	(3 - 6) 5
O. ramosa **	(2 -10) 7	(1.5- 2.5) 2	5 - 25	(5 - 8.5)7	(2 - 4.5) 3	(3 - 8) 6	(1.5 - 3.5) 2.5
O. singarensis †	(5 - 9) 7.5	(1.5- 3.5) 2.5	10 - 35	(8.5 -14) 12	(4 - 8) 7	(5 -12) 10	(2 - 4.5) 3.5
P. coccinea *	flor solitária	flor solitária	1	(25 - 55) 45	(10 - 38) 27	sem brácteas	sem brácteas

G - Inflorescências : (tab. 4, pl. 5, 6)

As inflorescências Racemose (indeterminada); terminal; bracteat em *Orobanche,* ebracteat em *Phelypaea coccinea,* spike em *Orobanche* e solitária em P. *coccinea.* Comprimento 10 -45cm. em *O. crenata* e *O. kurdica,* 12-25cm. em *O. aegyptiaca, O. anatolica* e *O. minor* e 2 -12cm. em *O. mutelii, O. ovata, O. ramosa* e *O. singarensis,* mas em *Phelypaea coccinea* é solitário. O comprimento das inflorescências é cerca de 25-55% do comprimento do caule em *Orobanche.* O número de flores em cada inflorescência varia de muitas flores (até 75 flores) como em *O. crenata* a menos flores (até 20 flores) como em *O. ovata* e *O. ramosa*

H - Flores:

Flores sésseis ou sub-sésseis; bissexuais (hermafroditas); hipógenas; zigomorfas; bracteadas em *Orobanche*, ebracteadas em *Phelypaea coccinea*, bractéolas 2 ou ausentes; cor amarelada pálida, branca, violeta-amarelada, púrpura-amarelada em *O. aegyptiaca, O. arenaria, O. coelestis, O. minor, O. mutelii, O. ovata, O. ramosa e O. singarensis. mutelii, O. ovata, O. ramosa* e *O. singarensis,*

* As medições foram efectuadas a partir de 15 -20 espécimes, os valores entre parênteses representam o máximo e o mínimo e o número fora dos parênteses representa a média.

† Medidas tomadas em três espécimes das espécies *O. coelestis* , *O. singarensis,* e em dois espécimes de *O . ovata* , *O . ramosa* & *O . mutelii*

castanho claro, escuro, castanho, púrpura acastanhado, violeta acastanhado, vermelho acastanhado, vermelho alaranjado, castanho, amarelo acastanhado, em *O. crenata*, *O. anatolica* e *O. kurdica* e *Phelypaea coccinea* comprimento 10 - 55mm. nas espécies estudadas, cada flor consiste em :

H -1 - Cálice (fig.10, 11 tab. 5)

O cálice é persistente, sépalas 4-5; gamossépalo em *O. aegyptiaca*, *O. arenaria*, *O. coelestis*, *O. mutelii*, *O. ramosa*, *O. singarensis* e *P. coccinea* ou dividido em 2 metades laterais completamente separadas ou unidas na base, cada metade bidentada como em *O. anatolica, O. crenata, O. kurdica, O. minor* e *O. ovata.* Comprimento 4-36mm; forma campanulada; cor castanha, vermelho-acastanhada, púrpura-acastanhada ou violeta-acastanhada em *O. anatolica, O. crenata, O. kurdica* e *P. coccinea*, amarela, pálida-amarelada, branca, violeta-amarelada ou violeta-amarelada em *O. aegyptiaca, O. arenaria, O. coelestis, O. minor, O. mutelii, O. ovata, O. ramosa*, e *O. singarensis;* pêlos longos ou curtos glandulares pilosos e concentrados nas margens dos dentes.

O cálice divide-se num tubo e em dentes (lóbulos), ambos de comprimento desigual na maioria das espécies; o tubo do cálice é em forma de sino em *O. aegyptiaca, O. arenaria, O. mutelii, O. ramosa* e *P. coccinea*, ou meio aberto dorsalmente (virado para o caule) em *O. crenata, O. minor* e *O. singarensis,* ou aberto dorsiventralmente com conação na base em *O. anatolica, O. kurdica* e *O. ovata.* Os dentes do cálice são 4-5 em *O. aegyptiaca,* enquanto que são 2 (cada um consiste em 2 sépalas unidas) em *O. anatolica,* e 4 em *O. coelestis, O. crenata, O. kurdica, O. minor, O. mutelii, O. ovata, O. ramosa, O. singarensis* e *P. coccinea,* por vezes a divisão ocorre na parte superior de qualquer dente para aparecer como cinco dentes em *O. arenaria.* Espécies com 4-5 dentes iguais em *O. aegyptiaca, O. arenaria, O. coelestis, O. mutelii* e *O. ramosa* e com dentes desiguais em *O. anatolica, O. crenata, O. kurdica, O. minor, O. ovata, O. singarensis* e *P. coccinea.* Os dentes do cálice das espécies de Orobanchaceae caracterizam-se por serem filiformes ou triangulares; ápice agudo ou acuminado.

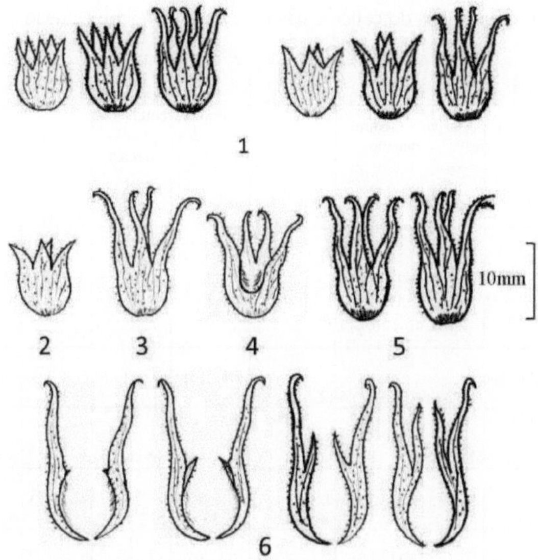

Fig. (10) Formas do cálice das espécies:
1 - *O. aegyptiaca* 2 - *O. ramosa*3 - *O. coelestis*
4 - *O. mutelii* 5 - *O. arenaria*6 - *O. kurdica*

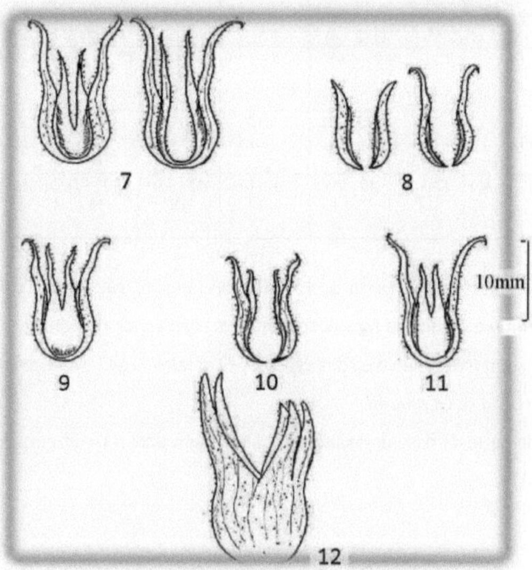

Fig. (11) Formas do cálice das espécies:
7- *O. crenata* 8- *O. minor* 9 - *O. anatolica*
10- *O. ovata* 11- *O. singarensis* 12- *P. coccinea*

Tab. (5) Dimensões do cálice e das bractéolas das spp. estudadas (mm.).

spp	cálice		tubo do cálice		dentes do cálice			bracteol	
	comprimento	largura	comprimento	largura	comprimento dos dentes	comprimento dos dentes	largura	comprimento	largura
O. aegyptiaca	(6 -17) 14	(4 - 9) 7.5	(3 - 8) 6.5	(4 - 9) 7. 5	(3 - 9) 7. 5	(3 - 9) 7.5	(1 - 4) 3	(4 - 10) 7. 5	(0.3 - 0. 7) 0.5
O. anatolica	(10 -19) 16	(3.5 - 8) 6	O (4 - 9) 7	(3.5- 8) 6	(6.5 - 10) 9	(5 - 9) 7.5	(1 - 2.5) 2	sem bracteóis	sem bracteóis
O. arenaria	(10 -19) 16	(4 -7) 6. 5	(4 - 8.5) 6. 5	(4 -7) 6	(6 - 10.5) 9	(6 -10.5) 9	(0.5 -1.5) 1	(7 - 12) 10	(0.5 - 1) 0. 8
O. coelestis	(11- 22) 18	(2.5 - 6) 5	(3.5 - 8) 6	(2.5 - 6.5) 5	(7.5 - 14) 12	(7.5- 14.5) 12	(1.3- 2.3) 2	(5.5 - 11) 9	(0.5 - 1.5) 1
O. crenata	(10 - 30) 23	(2.5 - 4) 4	O (2-11) 8	(2.5- 4.5) 4	(8 - 19) 6	(6 -11) 9	(1 - 2.5) 2	sem bracteóis	sem bracteóis
O. kurdica	(12 - 22) 18	(3.5 - 5) 4	O (4.5-8) 7	(3 - 5.5) 4.5	(7.5 -13) 11	(0.5 - 7) 5	(0.7 - 2) 1.5	sem bracteóis	sem bracteóis
O. minor	(6 - 15) 13	(2 - 4) 3	O (2 - 7) 5.5	(2 - 4) 3	(4 - 8) 7.5	(3 - 6) 5	(1 - 2.5) 2	sem bracteóis	sem bracteóis
O. mutelii	(7.5 - 15) 12	(3 - 7) 5. 5	(3.5 - 8) 6	(3 - 7) 5.5	(4 - 7) 6	(4 - 7) 6	(1 - 2.5) 2	(7 - 11) 9.5	(1 - 2) 1.8
O. ovata	(9.5 - 15) 13	(1.5 - 3) 2	O (2 - 4) 3	(1.5 - 3) 2.5	(7.5 - 11) 10	(5 - 7) 6	(0.5 - 1) 0. 7	sem bracteóis	sem bracteóis
O. ramosa	(4 - 8.5) 6. 5	(2.5 - 5) 4	(2 - 4.4) 3.5	(2.5 - 5) 4	(2.5 - 5) 4	(2.5 - 5) 4	(1 - 2.5) 2	(4 - 6) 5	(0.3 - 0.7) 0.5
O. singarensis	(11.- 19) 16	(4 - 6) 5	O (3.5-5) 5	(4 - 6) 5	(8 - 13) 11	(4 - 7) 6	(1.5 - 3) 2.5	sem bracteóis	sem bracteóis
P. coccinea	(24 - 36) 32	(7-14) 12	(9 -16) 13	(7-14) 12	(15 - 20) 18	(13 -17) 15	(2.5 - 6) 4.5	sem bracteóis	sem bracteóis

* As medições foram efectuadas a partir de 15 -20 espécimes, os valores entre parênteses representam o máximo e o mínimo e o número fora dos parênteses representa a média.

** Medidas tomadas em três espécimes das espécies *O. coelestis* , *O. singarensis,* e em dois espécimes de *O. ovata* , *O. ramosa* & *O. mutelii*

© = comprimento da parte de base da metade do cálice (sem dentes) = largura da parte de base da metade do cálice (sem dentes))

H - 2 - Corola: (fig. 12, 13; tab. 6)

Pétalas 5 unidas (sinpétalas ou gamopétalas); zigomorfas; campanuladas; tubulares em baixo; bilabiadas; lóbulos 5; lábio superior 2 lóbulos, lábio inferior 3 lóbulos; inclinadas (curvadas) para a frente, lóbulos agudos em *O. anatolica, O. coelestis,* e arredondados em *O. aegyptiaca, O. arenaria,*

O .crenata, O. kurdica, O. minor, O. mutelii, O. ovata, O. ramosa, O. singarensis e

P .coccinea; nervuras paralelas, estendidas do tubo aos lóbulos; comprimento 10 - 55mm; o seu tamanho varia de grande em *O. crenata* a pequeno em *O. ramosa*; cor amarela, branco-amarelada, violeta-amarelada, branca ou púrpura-amarelada em *O. aegyptiaca, O. arenaria, O. coelestis, O. minor,*

O .mutelii, O. ovata, O. ramosa e *O. singarensis*, e castanho, castanho-escuro, vermelho-acastanhado, púrpura-acastanhado, castanho-violeta ou vermelho-alaranjado em *O. anatolica, O. crenata, O. kurdica,*

P .coccinea; os pêlos são pilosos, pilosos glandulares curtos ou longos.

H - 3 - Androecium (estame): (fig. 14; tab. 7)

Estames 4; didínamos e os 5th estames posteriores ausentes ou reduzidos a um pequeno estaminódio (Lawrence, 1951); epipétalos; alternos com os lóbulos da corola; mais curtos que a corola, cada estame é constituído por:

a - Filamento:

O filamento é sólido; fliforme; alargado na base; dorsifixo; 4 -18 mm. de comprimento; cor amarela, branca, amarelo - branca, castanho-amarelada ou púrpura acastanhada; epipétalo; pêlos pubescentes glandulares pilosos por vezes glandulares pilosos raramente glabros como em *P. coccinea*. É geralmente mais curto do que a corola.

b - Antera:

Antera ovoide a oblonga; 2 células; conivente; mucronada; (espigada); deiscente longitudinalmente; cor amarela, amarela dourada, branca pálida ou castanha clara, 0,8-6 x 0,3- 2,5 mm; pêlos longos pilosos ou lanosos em *O. aegyptiaca*, longos lanados em *O. arenaria, O. coelestis, O. singarensis,* pilosos glandulares em *O. kurdica*, e *P. coccinea*, pilosos glandulares pubescentes em *O. anatolica* ou glabros em *O. crenata*, *O. ovata*, e *O. ramosa*

H - 4 - Gineceu (pistilo) (fig. 15, tab. 8)

a - Ovário:

Ovário livre; superior; 2 sincarpos raramente 3 carpos; 1 célula; ovoide ou obovoide a oblongo; glabro com poucas pilosidades glandulares curtas no ápice; placentação parietal; muitos óvulos anatrópicos; 2,5-17x1-10mm; cor amarela, amarelo pálido, branco, castanho ou amarelo acastanhado.

b -Estilo:

Estilete simples; terminal; sólido; filiforme; curvo no ápice; cor amarela, castanha clara, 519 x 0,2-2,5 mm; pêlos geralmente pouco curtos ou longos, pilosos glandulares, raramente glabros.

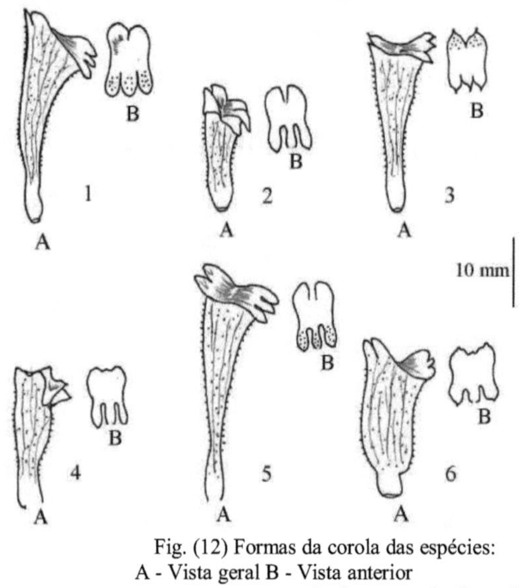

Fig. (12) Formas da corola das espécies:
A - Vista geral B - Vista anterior
1- *O. aegyptiaca* 2- *O. ramosa* 3- *O. coelestis*
4- *O. mutelii* 5- *O. arenaria* 6- *O. kurdica*

c - Estigma:

Estigma terminal; capitado a discoide; 2 lóbulos; geralmente inchado e suculento, castanho, púrpura, amarelo-pálido ou amarelo-acastanhado; 0,5-5x0,3-4mm. glabro ou com pouca pilosidade glandular curta ao mesmo tempo.

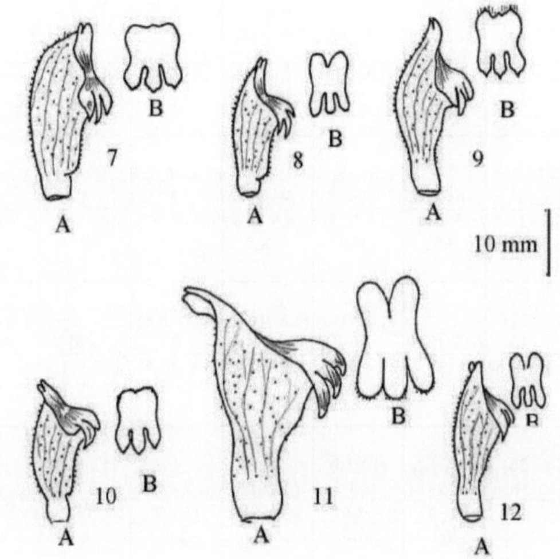

Fig. (13) Formas da corola das espécies:
A - Vista geral B - Vista anterior

8- *O. minor*
11- *P. coccinea*

7- *O. crenata*
10-O. *ovata*

9- *O. anatolica*
12- *O. singarensis*

Tab. (6) Dimensões da corola (mm).

spp.	comprimento da corola	largura da corola	comprimento do tubo da corola	largura do tubo da corola	comprimento dos lóbulos inferiores	largura dos lobos inferiores	comprimento dos lóbulos superiores	largura dos lóbulos superiores
O. aegyptiaca *	(13 - 36) 27	(5 - 8) 7	(13 - 28) 20	(5 - 8) 7	(5 - 8) 7	(3 - 5) 4	(3 - 6) 5	(4 - 6.5) 5.5
O. anatolica *	(10 - 28) 22	(7 -12) 10	(10 - 20) 16	(7-12) 10	(5 - 8) 6	(2.5 - 5.5) 4	(4 - 6) 5	(3.5 - 8) 6.5
O. arenaria *	(24 - 37) 33	(3 - 7) 6	(20 - 30) 27	(3 -7) 6	(4 - 7) 6	(4 - 5.5) 5	(4 - 6) 5	(5 - 7) 6
O. coelestis **	(12 - 25) 20	(4 - 7) 6	(9 -18) 15	(4-7) 6	(3.5 - 6.5 5	(2.5 - 4.5) 4	(3 - 5.5) 4	(3 - 6) 5
O. crenata *	(14 - 27) 22	(6.5 -10) 8.5	(14-20.5) 18	(6.5 -10) 8.5	(4 - 6.5) 5	(4 - 8.5) 7	(4 - 6) 5	(5 -10) 8
O. kurdica *	(15 - 27) 22	(6.5-10) 9	(12.5-18) 16	(6.5 -10.5) 9	(4.5 - 8.5) 6	(3 - 6) 5	(3.5 - 6) 4.5	(4 -7) 6
O. minor *	(10 -18) 15	(4 - 7) 5	(7-12) 10	(4 - 7) 6	(3 - 6) 5	(2 - 5) 4	(2 - 5) 4	(3 -7.5) 6
O. mutelii **	(14 - 20) 18	(3 - 6) 5	(12-16) 15	(3 - 6) 5	(2.5 - 4) 3	(1 - 3.5) 2.5	(2 - 3) 2	(3 - 4) 3.5
O. ovata **	(9 -21) 17	(4 - 8) 6.5	(9 -13.5) 11.5	(4 - 8) 6.5	(4 -7) 5.5	(2 - 3.5) 3	(1.5 - 2.5)	(3 - 5) 4.5
O. ramosa **	(10 -15) 13	(2.5 - 4) 4	(7-10.5) 9	(2.5 - 4.5) 4	(3 - 4.5) 4	(1.5 - 2.5) 2	(2 - 3.5) 3	(2 - 4) 3
O. singarensis **	(14 - 20) 18	(4 - 6.5) 5.5	(14-17) 16	(4 - 6.5) 5.5	(1.5-3) 2	(1.5 - 2.5) 2	(1 - 2) 1.5	(2 - 4) 3.5
P. coccinea *	(20 - 55) 42	(7 - 22) 16	(20 - 30) 25	(7 - 22) 16	(10 - 25) 17	(10 - 23) 18	(10 - 22) 16	(12 - 30) 22

* As medições foram efectuadas a partir de 5 a 25 espécimes, os valores entre parênteses representam o máximo e o mínimo e o número entre parênteses representa a média.

Medidas tomadas em três espécimes das espécies *O. coelestis, O. singarensis,* e em dois espécimes de *O . ovata* , *O . ramosa* & *O . mutelii*

Tab. (7) Dimensões (mm) e tricomas do Androecium das espécies estudadas.

Spp.	comprimento do filamento	largura do filamento	Inserção de um filamento	comprimento da antera	largura da antera	indumento da antera
O. aegyptiaca *	(8 -12) 11	(0.4 - 0.8) 0.6	(4 - 7) 5.5	(1 - 2) 1.7	(0.5 -1) 0.8	piloso longo, lanado
O. anatolica *	(11-16) 14	(0.5 - 0.8) 0.7	(2.5 - 4) 3.5	(2.5 - 3.5) 3	(1.5 - 2) 1.8	pubescência glandular -------[a]
O. arenaria *	(10 -13) 12	(0.3 - 0.6) 0.5	(5.5-7.5) 6.5	(1 -1.6) 1.4	(0.7-1.1) 0.9	lanate longo
O. coelestis **	(5.5 - 8) 7	(0.3 - 0.7) 0.5	(3.5 - 7) 5.5	(1-1.8) 1.5	(0.4 - 0.9) 0.8	lanate longo
O. crenata *	(12.5-16) 15	(0.5 - 0.9) 0.8	(2 - 5) 3.5	(2.5 - 4) 3	(0.5 - 0.8) 0.7	glabro
O. kurdica *	(7.5 - 10.5) 9	(0.5 - 0.9) 0.7	(3 - 6) 4.5	(1.9 - 2.9) 2.6	(0.8 -1.7) 1.5	pilosidade glandular
O. minor *	(6 - 9) 8	(0.6 -1) 0.9	(2 - 4) 3	(1- 2) 1.5	(0.5 - 0.8) 0.7	glabro
O. mutelii **	(6 -10) 8.5	(0.3 -1) 0.7	(4 - 6) 5	(1- 1.7) 1.7	(0.3 - 0.9) 0.7	glabro
O. ovata **	(10 -15) 13	(0.5 - 0.9) 0.8	(1. - 3) 2.5	(2 - 2.7) 2.5	(1-1.6) 1.4	glabro
O. ramosa **	(4 - 7) 6	(0.2 - 0.5) 0.4	(3 - 5) 4	(0.8 -1.2) 1	(0.5 - 1) 0.7	glabro
O. singarensis **	(8 -10.5) 9	(0.3 - 0.8) 0.6	(3.5 - 6) 5	(1-1.5) 1.3	(0.4 - 0.7) 0.5	poucos lanate
P. coccinea *	(13 -18) 16	(0.8 -1.8) 1.5	(4 - 8) 6.5	(4 - 6) 5	(1.5 - 2.5) 2	gl. longa pilosa

* As medidas e os caracteres foram tirados de 5 a 25 espécimes, os valores entre parênteses laterais representam o máximo e o mínimo e o número fora dos parênteses representa a média.

** Medidas e caracteres obtidos de três espécimes das espécies ***O. coelestis, O. singarensis,*** e de dois espécimes de ***O . ovata, O . ramosa & O . mutelii***

A Distância entre o ponto de fixação do filamento e a base do tubo da corola

Tab. (8) Dimensões do gineceu das espécies estudadas. (mm.)

spp.	comprimento do ovário	largura do ovário	comprimento do estilo	largura do estilo	comprimento do estigma	largura do estigma
O. aegyptiaca *	(3 -10) 7.5	(2 - 6) 4.5	(15 - 22) 19	(0.3 - 0.6) 0.5	(1.5 - 3) 2.5	(0.7-1.2) 1
O. anatolica *	(6.5-10) 9	(2 - 6) 4.5	(9 - 15) 13	(0.5 - 1) 0.8	(2.5 - 3.3) 3	(1.3 - 2) 1.8
O. arenaria *	(5 - 7) 6	(1.5 -3.5) 3	(6 -19) 15	(0.2 - 0.5) 0.3	(1.5 - 2.2) 1.9	(1 - 1.8) 1.6
O. coelestis **	(3 - 6) 5	(1- 3) 2.5	(7.5- 11.5) 9.5	(0.4 - 0.8) 0.7	(0.7-1.5) 1.2	(0.5 - 1) 0.8
O. crenata *	(5 -10.5) 8.5	(2.5 - 4) 3.5	(9 -15) 13	(0.4 - 0.9) 0.7	(1 - 2.2) 1.8	(0.7-1.2) 1
O. kurdica *	(4.5 -12) 10	(2.5 -5.5) 4.5	(8.5-12.5) 11	(0.7 - 1.2) 1	(2.3 - 3.5) 3	(1.2-2.3) 2
O. minor *	(4 -10) 8	(1.5 - 5) 3.5	(5 - 8) 7	(0.2 - 0.6) 0.5	(1- 2) 1.7	(0.5 -1) 0.7
O. mutelii **	(5 -10) 8	(3 - 6) 5	(7-10) 9	(0.3 - 0.7) 0.5	(1-1.5) 1.3	(0.5-1.5) 1.2
O. ovata **	(4 - 7.5) 6	(2.5 - 5) 4	(8 -11) 10	(0.4 - 0.8) 0.7	(1.2 - 2) 1.8	(0.6-1.2) 1
O. ramosa **	(2.5 -4.5) 4	(1.5 - 2.5) 2	(5 - 7) 6	(0.2 - 0.5) 0.4	(0.5 - 0.8) 0.7	(0.3- 0.5) 0.4
O. singarensis **	(7-10) 9	(4 - 5.5) 5	(7- 9) 8	(0.5 - 0.9) 0.8	(1 - 2) 1.6	(0.5 -.5) 1.2
P. coccinea *	(10 -17) 15	(6 -10) 8.5	(12 -19) 17	(2 - 2.5) 2	(2.5 - 5) 4	(2.5 - 4) 3.5

* As medidas e os caracteres foram tirados de 5 a 25 espécimes, os valores entre parênteses laterais representam o máximo e o mínimo e o número fora dos parênteses representa a média.

** Medidas e caracteres obtidos a partir de três espécimes das espécies ***O. coelestis, O. singarensis,*** e de dois espécimes de ***O . ovata, O . ramosa & O . mutelii***

H - 5 - Sementes: (fig. 16 t; ab. 9 ; pl. 3)

As sementes das espécies de Orobanchaceae estão entre as mais pequenas do reino vegetal, o tamanho das sementes varia de acordo com a posição da cápsula dentro da inflorescência (Parker e Riche, 1993), a dormência e o tamanho da semente, sendo as sementes mais pequenas encontradas mais perto do topo da espiga. As sementes são produzidas em grandes quantidades, 500 - 5000 por cápsula sendo mais comum com mais de 100 cápsulas por planta raramente encontradas (Miller, 1994), no entanto, é uma cápsula por planta em *Phelypaea coccinea,* plantas de *O. crenata* podem produzir várias centenas de milhares de sementes, por vezes até Ц milhões de sementes por planta (Al-Khesraji, 1990), enquanto a espécie mais pequena *O. ramosa* pode produzir apenas 5000 - 20000 sementes por planta (Miller, 1994).

Embrião indiferenciado; endosperma macio - carnudo e oleoso (Lawrence, 1951). Sementes reticuladas; piriformes, ovóides ou esféricas a subesféricas; cor amarelada-alaranjada clara nos primeiros estádios de crescimento, gradualmente convertida em castanho-claro, castanho-escuro ou laranja-amarelado; 0,1-0,55 x 0,07-0,37 mm; as sementes não têm importância taxonómica porque a sua morfologia (tamanho, forma e cor) é semelhante entre as espécies estudadas e variável de acordo com a espécie, os estádios vegetativos e a posição da cápsula na planta.

H - 6 - Frutos (cápsula) (tab.9)

Fruto uma cápsula loculicida; frequentemente envolvida pelo cálice persistente; geralmente 2 valvas; 1 célula; longitudinalmente deiscente; glabro; 2.5 -16 x 1 - 8mm., amarelo-pálido, ou castanho escuro, ovoide ou oblongo; as cápsulas mais pequenas encontram-se mais perto do topo da espiga, o número de sementes em cada cápsula varia de acordo com a espécie e a posição da cápsula na inflorescência.

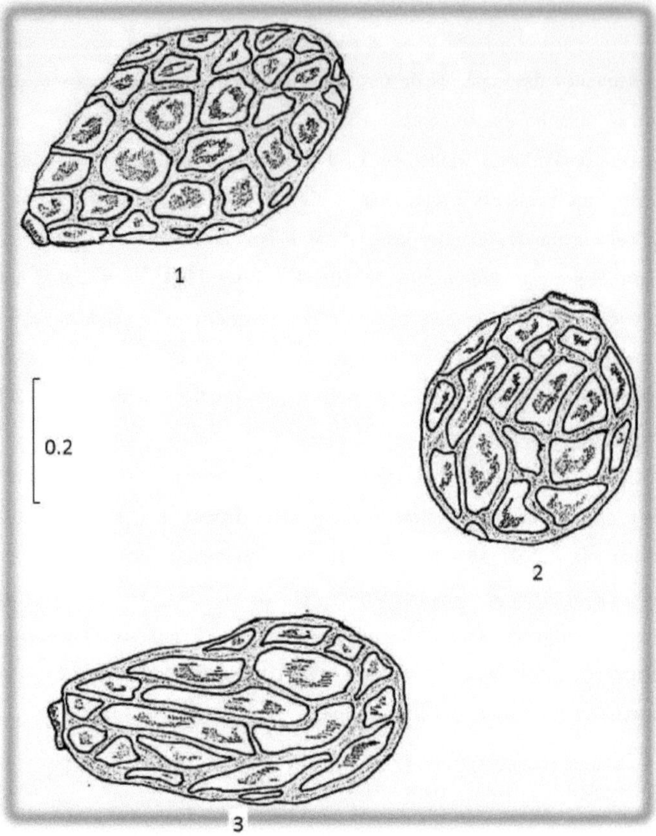

Fig. (16) Morfologia das sementes das espécies estudadas

1-Piriforme2-esférico 3-obvóide a obovoide

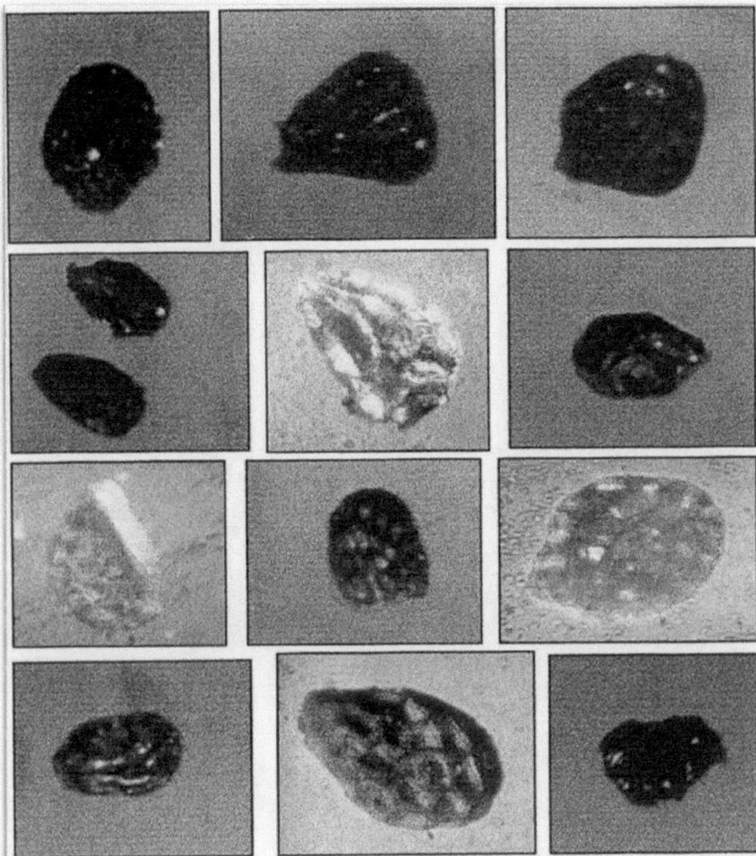

PL (1) photographs of seeds of studied Spp.

Tab. (9) morfologia e dimensões ((mm) das cápsulas e sementes das espécies estudadas.

spp.	comprimento da cápsula	diâmetro da cápsula	forma da cápsula	comprimento da semente	diâmetro da semente	forma de semente	cor da semente
O. aegyptiaca *	(3 -10) 7.5	(2.5 - 5) 4.5	obovoide	(0.12- 0.35) 0.25	(0.12 - 0.25) 0.2	piriforme	amarelo pálido
O. anatolica *	(6 -10) 8.5	(2 - 4.5) 3.5	obovoide	(0.27- 0.55) 0.42	(0.19 - 0.37) 0.30	piriforme, oblonga	castanho
O. arenaria *	(4.5 - 6.5) 5.5	(1 - 3) 2.5	ovoide	(0.16 - 0.45) 0.33	(0.07- 0.29) 0.18	piriforme	castanho claro
O. coelestis **	(3 - 5) 4.5	(1.5 - 3) 2	oblonga	(0.10 - 0.22) 0.16	(0.1 - 0.18) 0.13	piriforme, obovoide	castanho claro
O. crenata *	(5 -10) 8	(2 - 4) 3.5	obovoide	(0.18 - 0.35) 0.29	(0.1 - 0.27) 0.20	piriforme, obovoide	castanho escuro
O. kurdica *	(3.5 -11) 8	(2 - 5) 4.5	ovoide, oblonga	(0.21- 0.41) 0.33	(0.13 - 0.28) 0.22	piriforme	castanho escuro
O. minor *	(4 - 9) 7.5	(1.5 - 4.5) 3.5	oblonga	(0.20 - 0.34) 0.31	(0.1- 0. 21) 0.16	piriforme, esférico	laranja, amarelo
O. mutelii **	(5 - 9) 7.5	(3.5 - 5) 4.5	ovoide	(0.23 - 0.47) 0.35	(0.15 - 0.37) 0.28	piriforme, esférico	laranja, amarelo
O. ovata **	(4 -7) 5.5	(2 - 4.5) 3.5	oobovoide	(0.25 - 0.45) 0.38	(0.10 - 0.30) 0.23	piriforme, obovoide	castanho claro
O. ramosa **	(2.5 - 4) 3.5	(1.5 - 2) 2	ovoide, oblonga	(0.18 - 0.32) 0.26	(0.10 - 0.22) 0.18	piriforme, esférico	castanho
O. singarensis **	(6.5 - 9) 8	(4 - 4.5) 4	ovoide, obovoide	(0.22 - 0.50) 0.41	(0.13 - 0.32) 0.25	espesso, piriforme	castanho claro
P. coccinea *	(9 -16) 13	(5 - 8) 7.5	oblonga, ovoide	(0.20 - 0.42) 0.34	(0.1- 0. 23) 0.19	esférico	castanho escuro

* As medidas e os caracteres foram tirados de 5 a 25 espécimes, os valores entre parênteses laterais representam o máximo e o mínimo e o número fora dos parênteses representa a média.

** Medidas e caracteres obtidos a partir de três espécimes das espécies ***O. coelestis, O. singarensis,*** e de dois espécimes de ***O . ovata, O . ramosa & O . mutelii***

I - Indumento (tricoma) (fig. 17; tab. 10; pl. 2)

Os indumentos incluíam quatro tipos {pilosa glandular pubescente, pilosa glandular, pilosa e lanosa (lanada)} que cobriam todas as partes da planta e que diferem em densidade e dimensões nas diferentes partes aéreas. Pêlos com 0,2-2,2 mm de comprimento; grossos ou finos; erectos; brilhantes em pilose e pilose glandular, os tipos e locais são explicados da seguinte forma

I -1 - piloso glandular pubescente:

cobertura glandular pilosa muito curta:

- caules em *O. anatolica, O. arenaria* e *P. coccinea.*
- folhas em *O. anatolica* e *P. coccinea.*
- cálice em *O. anatolica, O. arenaria* e *P. coccinea.*
- corola em *O. aegyptiaca, O. anatolica, O. minor, O. ovata, O. singarensis* e *P. coccinea.*
- filamentos em *O. anatolica, O. arenaria, O. coelestis, O. ramosa, O. singarensis* e *P. coccinea.*
- antera em *O. anatolica, O. crenata* e *O. minor.*
- estigma em *O. anatolica.*
- estilo em *O. anatolica, O. coelestis, O. crenata, O. minor, O. mutelii* e *O. ramosa.*

I - 2 - Pilosidade glandular:

Pêlos brilhantes e glandulares, cujas dimensões variam de espécie para espécie, que os cobrem:

- caules em todas as espécies, exceto em *O. anatolica, O. arenaria* e *P. coccinea.*
- folhas em todas as espécies, exceto *O. aegyptiaca, O. anatolica* e *P. coccinea*
- brácteas em todas as espécies, exceto em *O. aegyptiaca.*
- cálice em *O. anatolica, O. coelestis, O. crenata, O. kurdica, O. minor, O. mutelii, O. ovata, O. ramosa* e *O. singarensis.*
- bracteóis em todas as espécies que possuem bracteóis.
- corola em todas as espécies exceto *O. aegyptiaca, O. arenaria, O. minor* e *P. coccinea.*

I - 3 - Pilose:

Os pêlos brilhantes (eglandulares) são geralmente finos e compridos, e recuperam :

- superfície interna do lábio superior da corola em *O. aegyptiaca* e *O. coelestis.*

- face externa do lábio superior da corola em *O. anatolica.*
- face interna do lábio inferior da corola em *O. arenaria.*
- base do filamento em *O. minor.*
- anteras em *O. aegyptiaca.*

I - 4 - Lanudo (lanado):

Pêlos não brilhantes; longos; densos; cobrem a antera em *O. aegyptiaca, O. arenaria, O. coelestis* e *O. singarensis.*

glabro como em:

- ovário em todas as espécies.
- estigma em todas as espécies, exceto em *O. anatolica* e *O. minor.*
- estilo em *O. mutelii, O. ovata* e *P.coccinea,* anteras em *O. minor, O. mutelii* e *O. ramosa.*
-

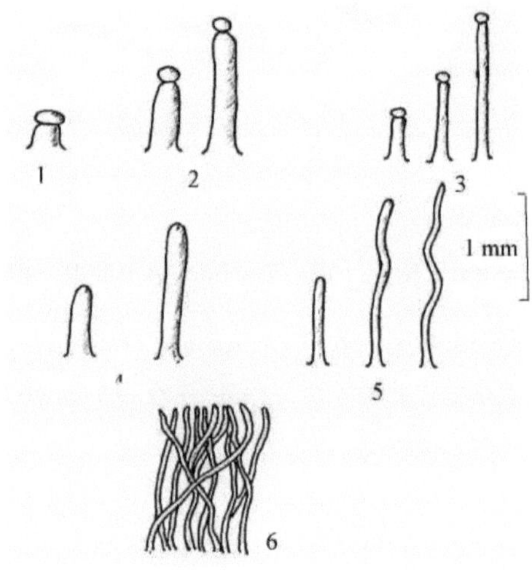

Fig. (17) Tipos de indumento (pêlos) das espécies

1- Pilosidade glandular pubescente 2- pilosidade glandular espessa 3- Pilosidade glandular 4- pilosidade

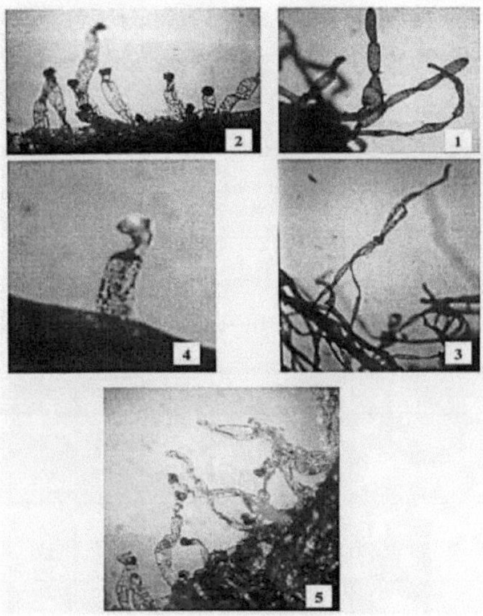

Pl. (2) fos de pêlos secos.
1 - piloso glandular 2 - piloso 3 - piloso glandular pubescente
4 - lanado longo 5 - piloso glandular longo

Tab. (10) Indumento das espécies estudadas.

Spp.	caule	folha	bráctea	bracteol	cálice	corola	Androecium		Gineceu		
							antera	filamento	ovário	estilo	estigma
O. aegyptiaca	gl. pilose	gl. pilose	pub. gl. pilose	gl. pilose	gl. pilosa, pub. gl. ___ pil	pub. gl. pilose	lanosas a _pilosa s_	pub. gl. pilose	glabro	pub. gl. pilose	glabro
O. anatolica	pub. gl. pilose	pub. gl. pilose	gl. pilose	sem bracteol	pub. gl. pilose	pub .gl. pilose	pub. gl. pilose	pub. gl. plose	glabro	pub. gl. pilose	pub. gl. pilose
O. arenaria	pub. gl. pilose	gl. pilose	gl. pilose	gl.pilose	pub. gl. pilose	pub .gl. pilose	lanoso	pub. gl. pilose	glabro	glabro	glabro
O. coelestis	gl. pilose	gl. pilose	gl.pilose	gl. pilose	gl. pilosa, pub.gl. pil	gl. pilose	lanoso	pub. gl. pilose	glabro	pub. gl. pilose	glabro
O. crenata	gl. pilose	gl. pilose	gl. pilose	sem bracteol	gl. pilose	gl. pilose	pub. gl. pilose	glabro	glabro	pub. gl. pilose	pub. gl. pilose
O. kurdica	gl. pilose	gl. pilose	gl. pilose	sem bracteol	gl. pilose	gl. pilose	gl. pilose	pub. gl. pilose	glabro	gl. pilose	glabro
O. minor	gl. pilose	gl. pilose	gl. pilose	sem bracteol	gl.pilose	pub .gl. pilose	pub. gl. pilose	glabro	glabro	pub. gl. pilose	glabro
O. mutelii	gl. pilose	gl. pilose	gl. pilose	gl. pilose	gl. pilosa, pub. gl. ------pil ------	gl. pilose	glabro	pub. gl. pilose	glabro	pub. gl. pilose	glabro
O. ovata	gl. pilose	gl. pilose	gl. pilose	sem bracteol	gl. pilose	pub .gl. pilose	glabro	glabro	glabro	glabro	glabro
O. ramosa	gl. pilose	gl. pilose	gl. pilose	gl. pilose	gl. pilosa, pub. gl. pil	gl. pilose	glabro	pub. gl. pilose	glabro	pub. gl. pilose	glabro
O. singarensis	gl. pilose	gl. pilose	gl. pilose	sem bracteol	gl. pilose	pub. gl. pilose	lanoso	pub. gl. pilose	glabro	gl. pilose	glabro
P. coccinea	pub. gl. pilose	pub. gl. pilose	sem bráctea	sem bracteol	Pub. gl. Pilose	pub. gl. pilose	pub. gl. pilose	pub. gl. pilose	glabro	glabro	glabro

Nota: gl. = glandular pub. = pubescente

J - Período de floração fig (15)

O período de floração das espécies estudadas foi aproximadamente definido em função das viagens de campo (que continuaram ao longo do ano), da literatura e dos espécimes herbários (herbários iraquianos), tendo-se verificado que o período ótimo de floração durou de meados de março a meados de junho, demorando cerca de 45-90 dias na maioria das espécies, por vezes começando cedo a partir do início de fevereiro, como em *Orobanche crenata,* a espécie *O. aegyptiaca* tem um longo período de floração que se estende até novembro. Verificou-se também que o período de floração começa geralmente nas colinas e planaltos, passando gradualmente para as regiões de alta montanha, e que as flores inferiores deiscem primeiro na mesma haste.

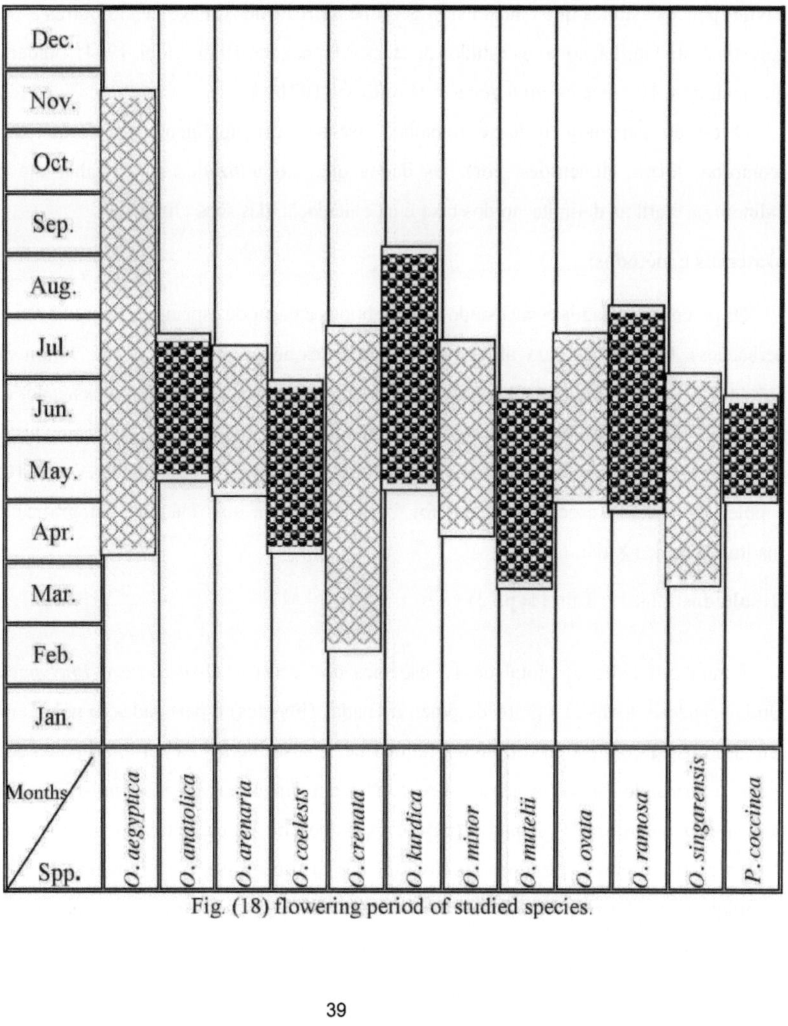

Fig. (18) flowering period of studied species.

Capítulo 4

PALIOLOGIA

Introdução:

A morfologia do pólen é há muito reconhecida como um critério importante para determinar a relação natural entre géneros e famílias de plantas. Caracteres morfológicos como o tamanho, a forma, a abertura, a escultura da superfície do pólen e muitas outras caraterísticas foram considerados como tendo um valor diagnóstico útil (Davis e Heywood, 1963; Basak, 1967). A informação palinológica disponível sobre a família Orobanchaceae é muito escassa e inadequada. Embora tenha havido poucos estudos que tenham sido geralmente realizados, envolvendo outras espécies noutros géneros desta família, como os estudos de Beck-Mannageta, 1930; Mohl, 1934; Zander, 1935 -1937, que incluíram 10 espécies em 6 géneros (Erditman, 1971).

O estudo palinológico neste trabalho baseia-se principalmente em caraterísticas externas (contorno, forma, dimensões, cor). Os dados que são utilizados para avaliar até que ponto a palinologia é útil na delimitação dos taxa e na elucidação das suas afinidades.

Materiais e métodos:

Os pólenes utilizados neste estudo foram obtidos a partir de espécimes frescos e secos (espécimes herbáceos). Os pólenes para observação e medições ao microscópio de luz foram montados em Safranin Glycerin Gelly (Saeed, 1990) e as preparações foram mantidas num exsicador à temperatura ambiente. Foram efectuadas vinte a trinta medições do diâmetro do pólen em vista polar e da dimensão em vista equatorial (mínimo e máximo) com um microscópio de luz Zeiss (10x100 óleo) e o pólen de todas as espécies tratadas foi fotografado com uma máquina fotográfica (Minolta) no Instituto Técnico Kalar.

Resultados: (fig. 19; Tab. 11; pl. 3)

Foram estudadas um total de 12 espécies dos géneros *Orobanche* e *Phelypaea* da família Orobanchaceae, todas têm grãos de pólen mónadas (ímpares) e perfuradas, o pólen em *Orobanche* tem 3 poros (triporados ou tritremos), regularmente distribuídos na borda do pólen com distâncias iguais e formando formas esféricas, subesféricas e traiangulares em vista polar, mas em *Phelypaea coccinea* o pólen tem 1, 2 poros (mono, biporados ou mono, bitreme) ou por vezes os poros desaparecem (atreme), quando os poros são dois distribuem-se irregularmente na borda do pólen (anomotreme) e formam uma forma esférica em vista polar, as formas do contorno equatorial são elípticas, mas em estado seco os grãos de pólen tomam formas irregulares diferentes devido à sobreposição resultante da saída de água; diâmetros do pólen 15-53 pm. (todas as espécies) em vista polar; as dimensões são 2-8 x 15-53 pm. em vista equatorial (todas as espécies), como na tab. (11) e representado graficamente na fig. (16). A cor dos grãos de pólen é castanho claro, laranja-amarelado, branco sujo ou branco-amarelado.

A topografia da superfície dos grãos de pólen não foi examinada por não haver possibilidade disponível (nenhuma técnica), uma vez que estes estudos necessitam de um microscópio eletrónico que forneça uma imagem clara da morfologia do pólen, útil para a identificação dos géneros ou, por vezes, das espécies.

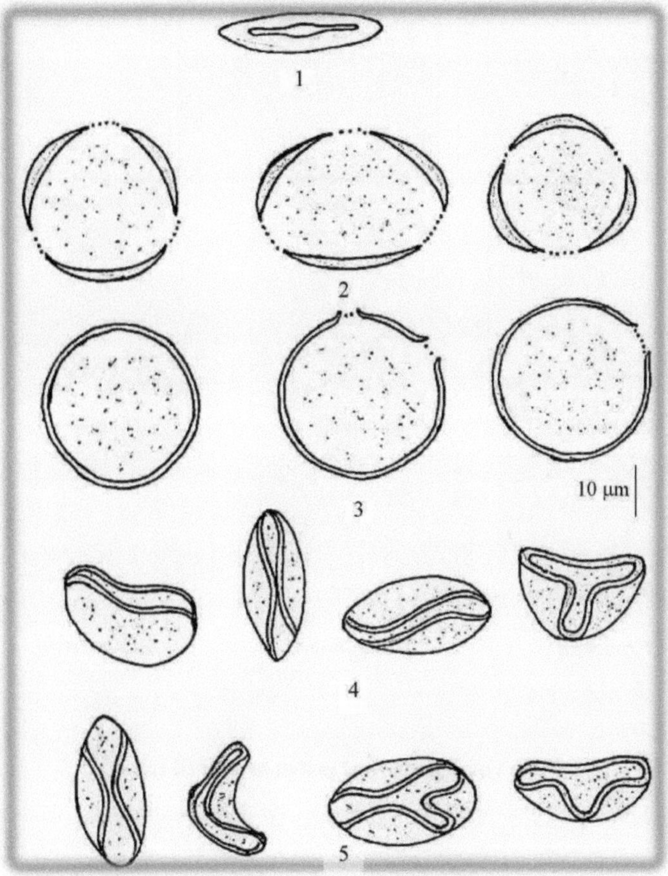

Fig. (19) Morfologia dos grãos de pólen das espécies estudadas
1- vista equatorial de todas as espécies 2- vista polar de *Orobanche*
3- Vista polar de *P.coccinea4* , 5 - grãos de pólen secos

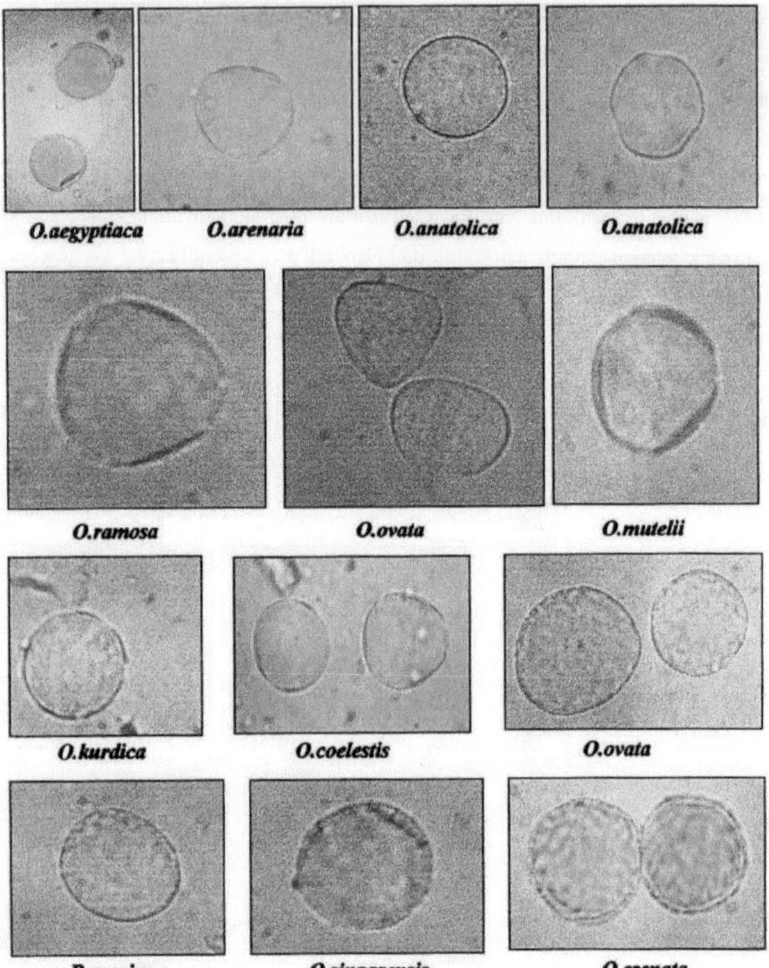

Pl. (3) photographs of pollen of studied spp.

ab. (11) diâmetros polínicos das espécies estudadas

não.	spp.	diâmetros da vista polar do pólen (pm)
1	*Orobanche aegyptiaca*	(21 - 39) 24
2	*O. anatolica*	(28 - 51) 40
3	*O. arenaria*	(18 - 40) 30
4	*O. coelestis*	(22 - 42) 33
5	*O. crenata*	(27 - 53) 42
6	*O. kurdica*	(15 - 32) 26
7	*O. minor*	(21 - 38) 31
8	*O. mutelii*	(27 - 41) 36
9	*O. ovata*	(30 - 47) 39
10	*O. ramosa*	(24 - 41) 35
11	*O. singarensis*	(22 - 40) 34
12	*Phelypaea coccinea*	(21 - 44) 34

As medições foram efectuadas a partir de (20-30) pólen, os valores dentro dos parênteses representam o máximo e o mínimo e os números fora dos parênteses representam a média .

Capítulo 5

RESULTADOS E DEBATES

A família tem uma vasta gama de distribuição (cosmopolita) nas regiões temperadas (velho mundo) e estende-se desde as regiões frias do Norte da Europa até às regiões quentes do Sul e do centro de África e tem uma elevada adaptação a diferentes habitats, tem capacidade para tolerar e adaptar-se aos ambientes desérticos e montanhosos, crescendo com sucesso como espécie selvagem, para além das espécies que já se encontram entre as culturas de campo.

A expansão dessas plantas parasitas pode estar relacionada a adaptações com estimulantes que são liberados pelas raízes de novas plantas, além de seus hospedeiros originais, que levam à extensão da gama de hospedeiros, o que significa que as espécies de Orobanchaceae não são especializadas em sua natureza de parasitismo. Os resultados mostraram que não existe informação taxonómica precisa e exacta (universalmente) sobre esta família, o que levou à ausência de um número unificado de géneros e espécies a nível global, como se segue: Lawrence (1951), referiu 140 spp. em 13 géneros, *Orobanche* é cerca de 90 spp., Porter (1967), 170 spp. em 14 géneros e *Orobanche* é cerca de 100 spp, Thieret (1971), 150 spp. em 4 géneros representados por 4 spp. ocorrem no Sudeste dos EUA; Rendle (1975), 130 spp. em 14 géneros, Jafri e El-Gadi (1978) e Daoud (1985) referiram 200 spp. em 14 géneros. As listas mais recentes encontram-se na Flora da Líbia (Jafri,1978) e na Flora da Turquia (Davis e et al,1982) e na Flora do Kuwait (Daoud,1985), que referem 200 espécies em 14 géneros no mundo.

O nome da família foi derivado do género típico (*Orobanche*), sem sinonímia com quaisquer alterações desde o século XVII até à data, existindo sinonímia ou mais para diferentes géneros e espécies, que foram esclarecidas em pormenor através do tratamento taxonómico (Cap. 6). Alguns filoginstas derivaram a família da família Gesneriaceae (com base no ovário unilocular com Plancentação parietal) e outros filogenistas derivaram-na das Scrophularaceae (Lawrence - 1951).

Foram preparadas várias chaves para esta família por vários autores, como se segue:

Post (1933): para 19 spp. em 4 géneros em Flora of Syr, Pal, Sin. Parsa (1949), para 34 spp. Em 2 géneros na Flora Del' Iran. Rechinger (1964), para 7 spp. em 2 géneros na Flora Lowland of Iraq. E para 55 spp. em 3 géneros na Flora lranica. Tutin et al (1972), para 60 espécies em 4 géneros na Flora of Europe. Davis e et al (1982), para 34 spp. em 4 géneros na Flora da Turquia, no entanto, existe apenas uma chave para a família no Iraque, que foi preparada por Rechinger, 1964 na Flora Lowland of Iraq para géneros e espécies distribuídos no centro e sul do Iraque, o que denota a insuficiência de estudos sistemáticos da família no Iraque. Muitas listas e publicações investigaram espécies de Orobanchaceae iraquianas, tais como Handl-Mazzetti (1910) (apêndice, 1), incluiu 8 spp. em 2 géneros no Iraque, e referiu a *Orobanche singarensis* como uma espécie endémica, 4 espécies das quais se distribuíam no Curdistão *(O. aegyptiaca, O. anatolica, O. coelestis,* e *O. major),* sem espécimes de *O. major* nos herbários iraquianos e não foi registada em lado nenhum, o que pode estar relacionado com erros de diagnóstico ou com confusões na recolha em regiões não iraquianas (países vizinhos) ou com colecções pessoais sem espécimes em qualquer herbário. Zohary (1946) (apêndice, 2), referiu 9 spp. em 3 géneros no Iraque, incluindo 6 espécies de *Phelypaea e Orobanche* distribuídas no Curdistão (*O. aegyptiaca, O. anatolica, O. coelestis, O. kurdica, O. singarensis e Phelypaea coccinea),* Zohary foi o primeiro a mencionar *Phelypaea* como um género independente no Iraque. Blakelock (1949) (apêndice, 3) referiu 5 spp. em 2 géneros no Iraque, 4 spp. em *Orobanche* distribuídas na região do Curdistão, referiu *O. ovata* como uma espécie endémica; Al-Rawi (1964) (apêndice, 6), resumiu as listas anteriores de H. Mazzetti (1910), Zohary (1946) e Blakelock (1949), para além das suas colecções, que incluíam 10 spp. em *Orobanche* no Iraque, 8 das quais distribuídas na região do Curdistão, e referiu *O. coccinea* como uma espécie de *Orobanche* que se tornou sinónimo de *P. coccinea,* Rechinger (Flora lranica, 1964) (apêndice, 4) referiu 12 spp. em 2 géneros no Iraque, 9 spp. em *Orobanche* distribuídas nas regiões do Curdistão, 5 spp. (*O. cypria, O. hohenakeri, O. lavandulaceae, O. kotschyii* e *O. pogonanthera*) não constam de qualquer lista e não existem espécimes destas espécies nos herbários iraquianos. Faris (1983, tese de mestrado) (apêndice, 9) mencionou 5 spp. em 2 géneros (*Phelypaea* e *Orobanche*) distribuídos na montanha Piramagrun.

Todas as informações relatadas em listas anteriores (acima mencionadas) sobre Orobanchaceae no Curdistão foram justificadas e todas as espécies mencionadas nessas listas foram coletadas durante esta pesquisa, exceto *O. major* na lista de H. Mazzetti (1910) e *O. cypria, O. hohenakeri, O. lavandula, O. kotschyii* e *O. pogonanthera* na lista de Rechinger (Flora lranica, 1964), como mencionado anteriormente, as causas podem ser identificadas erroneamente ou coletadas em países vizinhos. A espécie *O. mutelii* foi encontrada em mais de uma lista como uma espécie iraquiana sem quaisquer espécimes representados em herbários iraquianos, pelo que foi considerada uma nova coleção com espécimes (novo registo para o Iraque). Por outro lado, o género *Cistanche* é o outro género da família, com as suas espécies (3 espécies) distribuídas em habitats desérticos ou semi-desérticos nas zonas média e sul do Iraque (de acordo com os espécimes dos herbários iraquianos e as listas de plantas iraquianas), mas o presente estudo não conseguiu encontrar qualquer espécie de *Cistanche* na região do Curdistão (regiões estudadas). A semelhança da topografia, dos ambientes e das condições climáticas do vasto Curdistão levou ao aparecimento de algumas espécies recíprocas *O. aegyptiaca, O. anatolica, O. arenaria, O. coelestis, O. crenata, O. kurdica, O. ramosa* e *P. coccinea* em diferentes áreas do Curdistão do Irão e da Turquia, como uma continuidade da distribuição destas espécies na região do Curdistão iraquiano.

Foram recolhidas poucas informações de espécimes de herbário iraquiano devido à falta de espécimes, a más condições de conservação e a dados insuficientes das etiquetas e a maioria dos espécimes de herbário eram antigos e não apresentavam as suas caraterísticas morfológicas, pelo que este estudo tem um significado considerável como um estudo recente sobre esta família na região do Curdistão do Iraque.

A espécie de ampla distribuição *O. aegyptiaca,* foi novamente recolhida nas localidades mencionadas e em cerca de 60 outras localidades novas, tendo sido encontrada em 10 plantas cultivadas (na sua maioria) e silvestres adicionais como (*Arachis hypogea, Cucums sativus, Cucums melo, Gossypium herbaceus, Helianthus annus, Lycopersicon esculentum, Linum usitatissimum, Nicotina tabacum, Solanum tubrosum, Zinnia elegans),* os seus membros são povoados de acordo com a densidade dos seus hospedeiros, pelo que foi considerada a espécie com maior distribuição, uma vez que possui uma vasta gama de hospedeiros (plantas de campo e cultivadas) com elevada adaptação aos vários ambientes. Os únicos 2 espécimes de *O. anatolica* (6032, 53701) no (BAG), que foram recolhidos por Faris, (1983) na montanha Piramagrun (MSU), foram recolhidos no mesmo local e também recolhidos na montanha Azmer (MSU). A espécie *O. coelestis* tem um único exemplar (52045) no (BAG) que foi recolhido na montanha Salahiddin (MRO), tendo desaparecido no mesmo local atualmente (as causas podem ser a ausência dos seus hospedeiros), enquanto que foi encontrado na montanha Piramagrun (MSU). *O. crenata* tem 2 espécimes no (BAG) (46979) colhidos na montanha Ghara (MAM) e (49341) colhidos em Kani Otman (MSU), tendo desaparecido nessas regiões atualmente, mas foi encontrada na montanha Piramagrun (MSU). A espécie *O. kurdica* (tem 4 espécimes no BAG & SUH) 6033, 6034, 53702 recolhidos na montanha Piramagrun (MSU) e 43324 em Zakho (MAM), foi encontrada nestas regiões também em Chuwarta (MSU). *O. ovata* tem 1 espécime no (BAG) recolhido por Guest 1932 em Seri Hassan Beg (MRO) e só foi encontrado na montanha Piramagrun (MSU). A espécie *O. singarensis* (tem 3 exemplares no BAG e SUH) foi recolhida em Shaqlawa (MRO), Dukan e Chuwarta (MSU) mas só foi encontrada em Kalar (FPF) (pela mesma causa mencionada). *P. coccinea* (tem 3 espécimes no BAG & SUH) 0041195, 0041196, 6036 recolhidos na montanha de Piramagrun (MSU), trata-se de uma espécie rara, embora só tenha sido encontrada numa área muito limitada da montanha de Piramagrun (MSU). As duas espécies recentemente registadas no Iraque e na região do Curdistão apresentadas por este estudo *(O. arenaria* e *O. minor),* enquanto as outras duas espécies *O. ramosa* e *O. mutelii* foram colhidas como novos registos com espécimes mencionados por Al-khesrajy, 1989, que parasitam *Prunus armeniaca* e em listas anteriores (Blakelock, 1949 e Al-Rawi, 1964) de plantas iraquianas, respetivamente, sem espécimes depositados nos herbários iraquianos, pelo que estas duas espécies (*O. mutelii* e *O. ramose*) foram consideradas como um novo registo para o Iraque, pelo que foi possível registar quatro novas espécies com espécimes para o Iraque.

Vários estimulantes químicos, com diferentes concentrações, são libertados pelas raízes de diferentes plantas hospedeiras, o que leva à germinação de sementes destas espécies, especialmente quando se encontram em condições adequadas, tais como concentração em solos apropriados, humidade, temperatura, concentração de azoto e distância entre as raízes do hospedeiro e as sementes do parasita (a distância efectiva é de vários mm.) (Miller 1994) nas áreas representadas, a partir de estudos anteriores verificou-se que existem estimulantes específicos para cada espécie com determinada concentração, cada estimulante estimula por vezes a germinação de uma ou mais espécies enquanto o mesmo agente inibe (total ou parcialmente) a germinação de uma ou mais espécies (Parker e et al, 1993), é possível utilizar a alteração da concentração de estimulantes através da inundação de áreas infestadas durante um longo período de tempo como método de controlo para impedir a propagação destas espécies parasitárias. A distribuição geográfica destas espécies é limitada pela presença dos factores anteriormente mencionados, para além do hospedeiro.

O período de floração das espécies examinadas durou de março a junho (fig.18), podendo ter começado cedo a partir de fevereiro, como em *O. crenata*, e prolongar-se por vezes até novembro, como em *O. aegyptiaca.*

Os haustórios das espécies de Orobanchaceae não têm importância taxonómica porque são semelhantes em todos os caracteres morfológicos e também revelam que o comprimento dos haustórios pode atingir 83 cm em *O. aegyptiaca*, quando normalmente não excedem vários cm. Os caules são significativos em termos de classificação, por exemplo os caules de *O. crenata* e *Phelypaea coccinea* são longos e os de *O. ovata* são curtos, todas as espécies estudadas são diferenciadas em dois grupos de acordo com a ramificação, espécies com caules ramificados em. *O. aegyptiaca, O. arenaria, O. coelestis, O. mutelii* e *O. ramose* e espécies com caule não ramificado em

O .anatolica, O. crenata, O. kurdica, O. minor, O. ovata, O. singarensis e

P .coccinea, enquanto o número de ramos e a espessura do caule variam consoante as espécies e as fases de crescimento; cor castanha, púrpura acastanhada, violeta acastanhada, vermelha acastanhada ou vermelha em *O. anatolica, O. crenata, O. kurdica* e *P. coccinea* e amarelo, amarelo pálido, castanho-amarelado, branco-amarelado, branco ou amarelo-violeta em *O. aegyptiaca, O. arenaria, O. coelestis, O. minor, O. mutelii, O. ovata, O. ramosa* e *O. singarensis.* As folhas (fig. 8) são reduzidas; escamosas; taxonomicamente negligenciáveis porque os seus caracteres morfológicos são semelhantes entre espécies e são mutáveis de acordo com os estádios vegetativos e posições no caule. Inflorescências terminais; indeterminadas; bracteadas em *Orobanche*; ebracteadas em *P. coccinea,* espiga em Orobanche e solitárias em *P. coccinea*, algumas espécies como *O. crenata, O. kurdica* e *O. minor* têm inflorescências longas enquanto outras como *O. arenaria, O. mutelii* e *O. ovata* têm inflorescências curtas; espécies com numerosas flores em *O. crenata* e *O. kurdica*, e com poucas flores em *O. arenaria* e *O. ramosa.* Brácteas (fig. 9) escamosas; presentes em *Orobanche,* ausentes em *P. coccinea,* geralmente mais curtas do que a flor na maioria das espécies, mas são mais longas do que a flor em *O. crenata* e *O. kurdica;* a dimensão e a cor das brácteas estão correlacionadas com os ambientes e o crescimento. Os bractéolos têm importância taxonómica; as espécies *O. aegyptiaca, O. arenaria, O. coelestis, O. mutelii,* e *O. ramosa* têm 2 bractéolos e as espécies *O. anatolica, O. crenata, O. kurdica, O. minor, O. ovata, O. singarensis* e *P. coccinea* não têm bractéolos. As dimensões das partes florais têm um papel importante na delimitação das espécies.

O cálice (fig. 10, 11) tem valores taxonómicos; gamossépalo (sépalas unidas) em *O. aegyptiaca, O. arenaria, O. coelestis, O. mutelii, O. ramosa* e *P. coccinea*, ou dividido em duas metades em *O. anatolica, O. crenata, O. kurdica, O. minor, O. ovata, O. singarensis, também estas espécies são* divididas em dois grupos de acordo com o comprimento dos dentes do cálice, primeiro as espécies com dentes iguais como em *O. aegyptiaca, O. arenaria, O. coelestis, O. mutelii, O. ramosa* e *P. coccinea. singarensis*, também estas espécies são divididas em dois grupos de acordo com o comprimento dos dentes do cálice, em primeiro lugar espécies com dentes iguais como em *O. aegyptiaca, O. arenaria, O. coelestis* e *O. ramosa*, em segundo lugar incluem espécies com dentes desiguais como em

O .anatolica, O. crenata, O. kurdica, O. minor, O. mutelii, O. ovata, O. singarensis,

P .coccinea; cor castanha, púrpura acastanhada, vermelho acastanhado ou violeta acastanhado em *O. anatolica, O. crenata, O. kurdica* e *P. coccinea,* amarelo, amarelo pálido, branco amarelado, branco ou castanho amarelado em *O. aegyptiaca, O. arenaria* ,Corola (fig. 12, 13) sinpétala (pétalas unidas); forma campanulada, as variações são na cor, tamanho e limbo dos lóbulos, cor castanha, púrpura acastanhada, vermelho acastanhado, laranja acastanhado ou castanho claro em *O. anatolica, O. crenata, O. kurdica* e *P. coccinea* enquanto é amarela, branco-amarelada, amarelo pálido, branca, amarelo - violeta, púrpura amarelada ou azul-amarelada em: *O. aegyptiaca, O. arenaria, O. coelestis, O. minor, O. mutelii, O. ovata, O. ramosa* e *O. singarensis*, a corola varia de longa em *O. arenaria* a curta em *O. ramosa*, os lóbulos da corola arredondados em *O. aegyptiaca, O. arenaria, O. crenata, O. kurdica, O. minor, O. mutelii, O. ovata, O. ramosa, O. singarensis* e *P. coccinea,* agudos em *O. anatolica* e *O. coelestis.* dorso da corola fortemente curvado para a frente em *O. crenata* e *O. kurdica* e reto em *O. aegyptiaca* e *O. arenaria.* Anteras bicelulares; coerentes aos pares; mucronadas; caracterizadas por serem glabras em *O. crenata, O. minor, O. mutelii, O. ovata* e *O. ramosa*, pilosas em *O. anatolica, O. kurdica* e *P. coccinea,* lanosas em *O. arenaria, O. coelestis* e *O. singarensis* e pilosas em *O. aegyptiaca.*

Gineceu (fig. 15) único; hipoginoso; com morfologia semelhante nas espécies estudadas, exceto *O. anatolica* e *O. minor* que têm o estigma com pilosidade glandular pouco curta. Os indumentos das espécies estudadas são de quatro tipos (piloso, piloso glandular, piloso glandular pubescente e lanoso) e variam em dimensões e densidades entre as partes aéreas na mesma espécie e entre as diferentes espécies. Os frutos (cápsulas) são morfologicamente (cor, tamanho e forma) semelhantes em todas as espécies e podem variar em função dos ambientes, das fases de crescimento e do tipo de hospedeiro, pelo que são taxonomicamente inúteis. As sementes das plantas fornecem uma grande quantidade de caracteres taxonómicos e filogenéticos e a presença e o carácter dos poros, das suturas, da escultura e da configuração da superfície têm um valor taxonómico significativo (Lawrence, 1951), mas os caracteres morfológicos das sementes das espécies de Orobanchaceae são semelhantes (cor, tamanho e forma) e podem mudar em função das fases de crescimento da planta e da sua posição na planta, pelo que são taxonomicamente insignificantes. Através dos caracteres morfológicos acima mencionados das partes aéreas das espécies estudadas, parece que a morfologia mais importante entre as diferentes partes da planta para o processo de classificação é a forma, o tamanho, a cor e o undumentum, e também foi mostrado que as partes mais importantes para a identificação são o cálice e a corola, as outras partes como o caule, as inflorescências e os órgãos reprodutores têm papéis secundários para o mesmo fim, mas as restantes partes como os haustórios, as folhas, as brácteas, os bractéolos, os frutos e as sementes são taxonomicamente inúteis devido à aproximação da sua morfologia e são ligeiramente variáveis com base nas espécies, nos ambientes e nas fases vegetativas. Foram preparadas duas chaves que dependem da morfologia, as obtidas de espécimes secos e frescos e com a ajuda da Flora of turkey (Davis e et al, 1982) que contém a maioria das espécies de Orobanchaceae do Curdistão.

A morfologia do pólen foi estudada por microscopia ótica, o pólen é triporado, os poros distribuem-se com distâncias iguais nas bordas do pólen em vista polar e formam um triângulo, esférico ou subesférico em *Orobanche*, enquanto os poros são dois ou um (bi ou monoporados) ou às vezes desaparecem em *P. coccinea,* quando o poro é um localiza-se em qualquer lado da borda, se os poros são dois (biporados) distribuem-se de forma oposta com igual distância ou irregularmente com distâncias desiguais (entre poros) e formam apenas uma forma esférica. A palinologia apresenta alguns dados sistemáticos importantes para a delimitação dos taxa como família ou género ou, por vezes, como espécie. Os resultados da palinologia neste estudo dependeram do microscópio de luz e não forneceram detalhes precisos da configuração da superfície, dos sulcos (sulcados) e dos apêndices do pólen, que podem ser acedidos por microscópio eletrónico.

Em geral, não existem dados taxonómicos sobre a família no Iraque e os espécimes encontrados nos herbários iraquianos foram recolhidos aleatoriamente por diferentes coleccionadores ou pesquisadores.

Os únicos estudos recentes são os de Al-Khesraji (cerca de 25 artigos), que forneceu pormenores sobre a família, principalmente no que diz respeito a aspectos anatómicos e fisiológicos.

O presente estudo representa cerca de 95% dos distritos incluídos nesta investigação na região do Curdistão e tornou-se inclusivo, sem exceção de quaisquer áreas, parecendo também que existem espécies (principalmente espécies de campo) com elevado poder de dispersão devido à facilidade de transporte de sementes por várias vias e à adaptação a novos hospedeiros e ambientes (Al- Khesraji, 1990).

A floração (floração e frutificação) da maioria das espécies ocorre de março a junho, quando o clima (temperatura, humidade e luz solar) é ótimo, com menos oportunidades de crescimento destas espécies em temperaturas altas ou baixas no verão ou no inverno.

Pl. (4) Photographs of some studied spp.

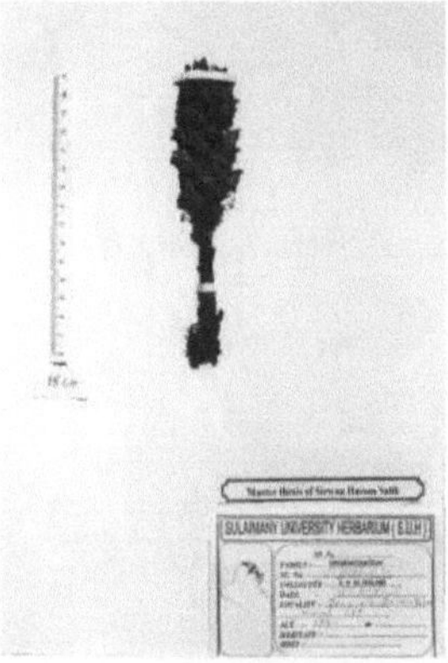

O. anatolica

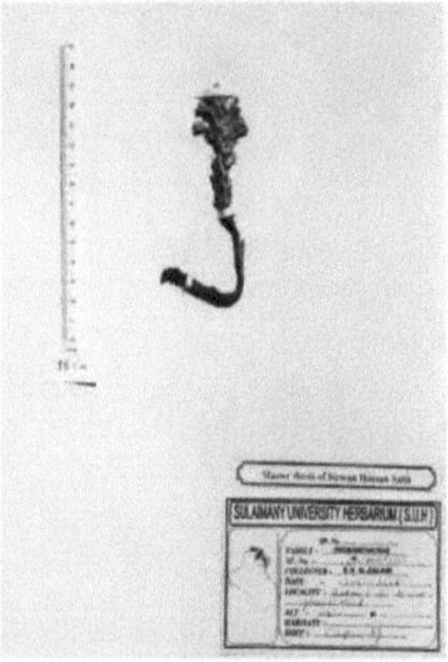

O. mutelii

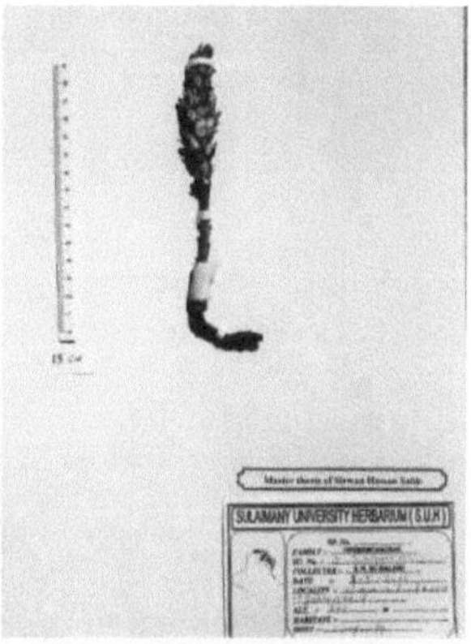

O. singarensis

O. kurdica

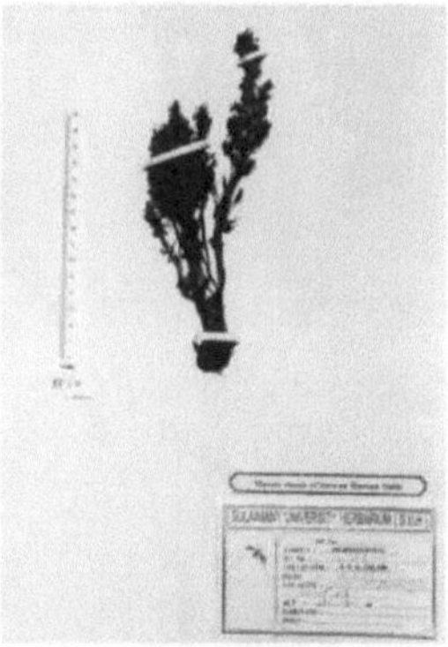

O. coeletis

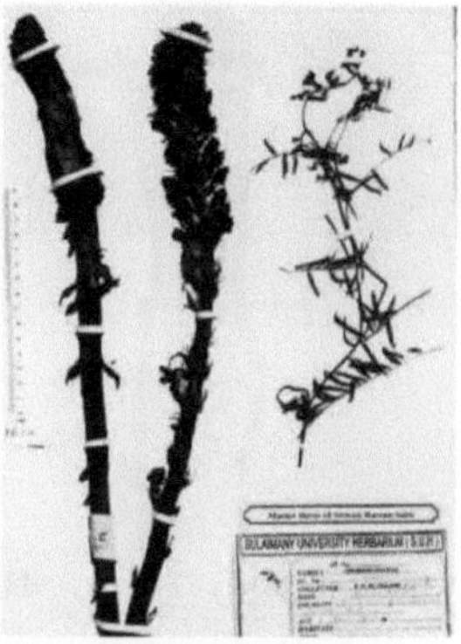

O. crenata

Pl. (**5**) fotografias de espécimes secos das espécies estudadas.

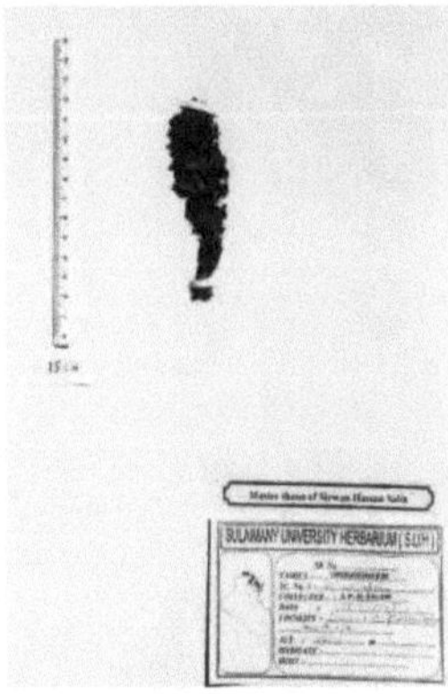

O. ovataO

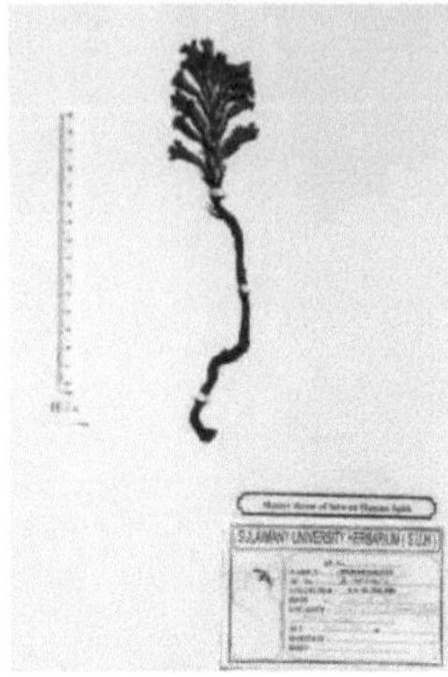

. arenaria

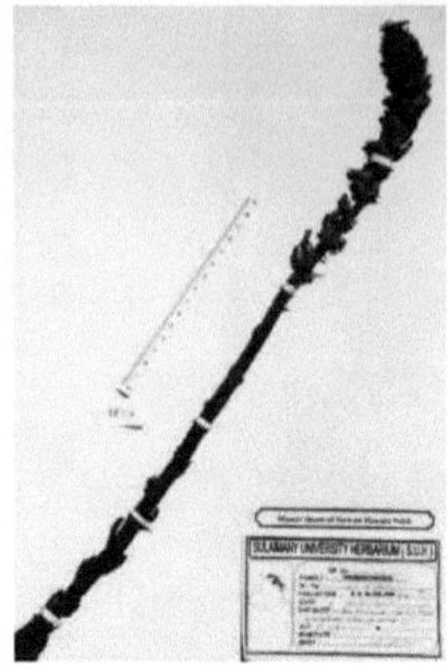

O. minor

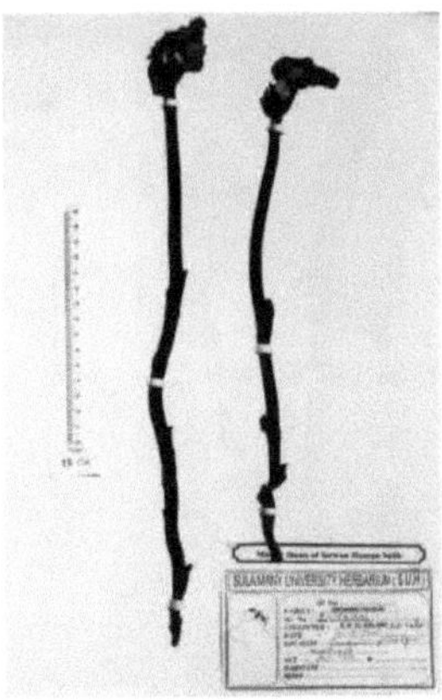

P. coccinea

O. aegyptiaca

O. ramosa

Pl. (6) fotografias de espécimes secos das espécies estudadas.

Capítulo 6

TRATAMENTO TAXONÓMICO

Orobanchaceae ("Orobanchoideae") Vent., tabl. Regne veg. 2: 202 (1799); Lendl, Nat. System. 2: 287(1836); De Candolle, em Prodromussys. New (1846); Reut., em DC., rodr11. 1 (1847); Ledeb., Fl. Ross. 3: 340 (1846-51); Bentham, em Bentham & Hooker Gen. Pl. 2:980-982 (1876); Boiss, Fl. or. 4:492 (1879); Boiss., Fl. Or. 7: 356-357 (1888); G. Beck., Monogr. Orob. (1890); Handle - Mazetti, in dieveg. Verhaltnisse Von Mespotamein und Kurdistan. 406 (1910); G. Beck Orobanchaceae in Engler Pflanzenr. 4:261 (1930); Post., Fl. Syr. Pal. Sin. 2: 310 - 311 (1933); Zohary, F1. of Iraq and its phytogeo . Sub div. 135- 136 (1946); Parsa. Fl. Del Iran. 4:487 (1949); Core., E. in Pl. Tax, 409 (1955); Andrew., Flowering plant of Sudan, 3:149-150 (1956); Rech., Fl. Iranica. 5:1 (1964); Rech., Fl. Low land Iraq. 551 (1964); Porter, Tax of flowering Pl . 405 (1967); Tutin, Fl. Eur. 3:285-288 (1972); Roy. Bot. gar. Kew, registo de Kew do taxo. Literature. 427- 428 (1973); Tackholm, V. Fl. Egy. 2 :505 (1974); Rendle, na classe de fl. Pl. 2: 531- 532 (1975); Chak., Pl. w. of Iraq. 1:398 (1976); Jafri, Fl. of West Pakistan. 98:1 (1976); Jafri.; Fl. Ly. Bia. 55:1 (1978); Davis7 et al, Fl. Turkey. 7:1 (1982); Daoud, Fl. Kuwait. 1:190 -194 (1985); Karim, Fl. Wild Fl. of Jordan. 74 (1988).

Ervas anuais ou perenes um pouco carnudas, desprovidas de clorofila; parasita obrigatório da raiz (holoparasita) geralmente em dicotiledóneas (herbáceas). O sistema radicular de Orobanchaceae spp. não tem sistema radicular como o de outras plantas floridas não parasitas, mas tem haustórios que são como uma ponte entre o parasita e o hospedeiro; o comprimento dos haustórios varia entre vários mm; por vezes até 80 cm; amarelo pálido ou branco sujo. Caule ereto; simples ou ramificado; sólido ou oco; cilíndrico; comprimento até 150 cm, espessura variável de acordo com a espécie e o crescimento; piloso por pilosidade glandular pubescente e pilosa glandular ou lanosa; cor amarela, amarela pálida, castanha, castanha-avermelhada, púrpura, vermelho-violeta ou branca suja. Folhas reduzidas; semelhantes a escamas; desprovidas de clorofila; alternas; espiraladas; sésseis ou sub-sésseis; lâmina ovada, deltoide, lanceolada ou subulada; margem inteira, serrilhada ou serrulada; ápice acuminado ou agudo; cor amarelo-pálida, branco-amarelada, castanha, púrpura ou laranja-acastanhada; nervuras muitas ou poucas, paralelas; pilosas por pilosidade glandular longa e curta com variação de densidade. Inflorescências indeterminadas; terminais; em espiga ou solitárias; bracteadas ou ebracteadas; variam em dimensões e número de flores; representam cerca de 1/5-1/2 do comprimento do caule. Brácteas presentes ou ausentes; escamosas (tipo folha); cor amarela, amarelo-pálido, castanha, púrpura ou amarelo-esbranquiçada; pilosas glandulares curtas ou longas. Bracteolas 2;; presentes ou ausentes; laterais; ligadas na base do tubo do cálice; mais estreitas do que as brácteas;

acuminadas; filiformes; densamente pilosas glandulares curtas ou longas.

Flor hermafrodita; hipógena; zigomorfa; cor púrpura acastanhada, amarelo azulado, amarelo-violeta, amarelo, branco, branco amarelado, vermelho acastanhado, vermelho vivo ou amarelo-alaranjado; campanulada ou tubular. Cálice persistente; gamossépalo ou dividido em duas metades; constituído por 4-5 sépalas; campanulado; tubular em baixo; lobado ou dentado em cima. Dentes do cálice (lóbulos do cálice) 2-5; margem inteira ou serrilhada; amarelo-pálido, castanho, vermelho-acastanhado, amarelo-violeta ou púrpura; pilosidade glandular curta ou longa. Corola sinpétala (gamopétala); bilabiada; lóbulos 5; lábio superior com 2 lóbulos; campanulada; tubular em baixo; lóbulos arredondados ou agudos; amarelo-violeta, púrpura, vermelho, vermelho-alaranjado, castanho, amarelo, branco, branco-amarelado ou amarelo-palido, pilosa glandular ou raramente glabra. Androceu (estames) 4 e o estame posterior ausente ou reduzido a um pequeno estaminódio (Lawrence, 1951); alternos com os lóbulos da corola; didínamos; dorsifixos; epipétalos. Filamento sólido; cilíndrico; filiforme, amarelo, castanho-branco, vermelho-acastanhado ou alaranjado; piloso por pilosidade glandular pubescente ou glabro; expandido na base; conado na base da corola (interior). Antera bicelular coerente aos pares; ocasionalmente, uma metade da antera não se desenvolve e é estéril; deiscente longitudinalmente; mucronada; amarela, branco-amarelada, castanha, laranja ou púrpura; pilosa glandular, lanosa, pilosa ou glabra. Pólen esférico, subesférico ou deltoide em vista polar; elíptico em vista equatorial; amarelo, laranja ou branco sujo. Gineceu (pistilo)1. Ovário superior; livre; 2 sincarpos raramente 3 carpais; 1 celular; ovoide, obovoide ou oblongo; glabro com poucas pilosidades glandulares curtas para cima até o ápice; muitos óvulos anátropos; (-2)-4(-6) placentação parietal. Estilete simples; sólido; cilíndrico; filiforme; curvado no ápice em direção às anteras; castanho, amarelo pálido ou amarelo; escassamente piloso glandular curto ou longo ou glabro. Estigma terminal; capitado ou discoide; 2-4 lóbulos; castanho, amarelo pálido ou púrpura - vermelho, glabro; piloso glandular curto ou escassamente piloso. Fruto: cápsula loculicida; frequentemente envolvida pelo cálice persistente; geralmente com 2 valvas e com espuma; deiscente longitudinalmente; com muitas sementes. Sementes minúsculas; geralmente reticuladas; castanhas, amarelas, amarelo-alaranjadas ou castanho-escuras; piriformes (em forma de pera); esféricas ou oblongas a obovóides; o embrião é indiferenciado, o endosperma é mole - carnudo e oleoso (Lawrence, 1951).

Orobanchaceae - Chave para os géneros

- Flores em espiga ou racemos; brácteas:
    - Caule ramificado ou não ramificado, com espiga terminal; cálice
      2 - 5 dentadosA .... *Orobanche.*
- Flores solitárias; ebracteat:

- Caule não ramificado, com uma grande flor terminal; cálice 5 dentado.

.... B. *Phelypaea. (P. coccinea)*

A. *Orobanche* L., SP. Pl.2: 632 (1753); Gen. Pl. 5: 281 (1754); Bentham, em Bentham & Hooker. Gen. Pl. 984 - 985 (1876); Boiss., Fl. Or. 4: 502 (1879); Hook., Fl. Brit. 1nd. 4: 324 (1884); Beck., Monogr. Orob. 73 (1890); Handle -Mazzetti., in Dievege. Verhaltniss. Von Mesopotamein und Kurdistan. 406 - 407 (1910); Engler. Pflanzner. 4: 161 - 64 (1930); Post., Fl. Syr. Pal. Sin. 2: 313 (1933); Zohary, na Fl. do Iraque e sua fitogeografia. Sub div. 135 - 136 (1946); Parsa, Fl. Del' Iran. 4: 492 - 497 (1949); Core., Pl. Tax. 409 (1955); Andrew., the flowering pl. of the Sudan 3:150-152 (1956); R. A. Graham., em Torell & Milen , Red head. Fl. Trope. Af. 3 (1957); Cooke, Fl. Bomb. Pre (rep - ed.). 2: 386 (1958); Helen Schiman. Czieka in Rech. Fl. Iranica. 5: 2 (1964); Rech., Fl. Lowland of Iraq. 552 (1964); Gilli, A. Die. Orobanchaceae der Turkei. Feddes Rep. 82 (6): 384406 (1971); Tutin, Fl. Eur. 3: 286 - 288 (197); Roy. Bo. ga . Kew. in the Kew record of Taxonomy literature, 48 (1975); Takholm, Fl. Egy. 505 (1974); Chack., Pl. wealth of Iraq. 1:398(1976); Jafri., Fl. West of Pakistan. 98: 610 (1976); Jafri Fl. Lybia.7-8 (1978); Davis, Fl. Turkey. 7: 3-6 (1982); Daoud, Fl. Kuwait. 1: 191 (1985); Karim, Wild flower plant of Jordan. 74 (1988).

Syn: *Phelipaea* Dese., Ann Mus. Parl (1807); *Kopsia* Dum. Bot. 16 (1822).

Anual ou perene. Caule ereto; ramificado ou não ramificado; sólido, raramente oco; cilíndrico; amarelo-pálido, branco-amarelado, castanho, vermelho, púrpura ou violeta-púrpura; comprimento até 90 cm; piloso glandular. Folhas escamosas; alternas; sésseis ou sub-sésseis; inteiras; acuminadas, agudas ou deltóides; lanceoladas ou triangulares; castanhas, amarelo-pálido, amarelas ou branco-sujas; pilosas glandulares. Inflorescências indeterminadas; terminais; espiga bracteada; muitas flores. Flores curvadas para fora do caule. Brácteas 1; em forma de escama; ± semelhantes à folha. Bracteolas 2; presentes ou ausentes; mais estreitas do que as brácteas; inteiramente pilosas e glandulares. Cálice campanulado ou tubular; constituído por 4-5 sépalas; gamossépalo ou dividido em duas metades completamente separadas ou unidas na base; pilosidade glandular longa ou curta; amarelo, amarelo-pálido, castanho, vermelho-acastanhado, púrpura ou violeta-púrpura; tubo do cálice geralmente mais curto do que os dentes do cálice. Dentes do cálice 2-5; iguais ou desiguais em comprimento; acuminados; inteiros.

Corola sinpétala (gamopétala); 5 pétalas unidas; campanulada ou tubular; bilabiada; lóbulos 5; lábio inferior 3 lóbulos; lábio superior 2 lóbulos; lóbulos inferiores geralmente mais estreitos e mais compridos do que os superiores; lóbulos arredondados ou agudos; amarelo-azulado, amarelo-violeta, amarelo, amarelo pálido, púrpura, vermelho, vermelho-alaranjado, violeta-acastanhado; pilosidade glandular por vezes pilosa no interior dos lóbulos da corola. Androecium 4 estames; didínamo; epiptalo. Filamento sólido; filiforme; amarelo, amarelo-pálido, laranja-acastanhado, vermelho ou púrpura; pilosidade pouco glandular ou glabra. Anteras com 2 células; coerentes aos pares; mucronadas; deiscentes longitudinalmente; ovóides ou oblongas; amarelo-violeta, amarelo, amarelo pálido; pilosas glandulares, lanosas ou glabras. Grãos de pólen perfurados com 3 poros (triporados); tem 2 vistas, vista polar esférica, subesférica ou deltoide; vista equatorial elíptica. Gineceu (pistilo) 1; Ovário superior; livre; sincarpo; 1 célula; 4 placentação parietal; muitos óvulos anatrópicos; glabro com pilosidade glandular escassamente curta no ápice; ovoide, oblongo ou obovoide; castanho, amarelo-pálido. Estilete simples; sólido; filiforme; terminal; amarelo, alaranjado, branco, púrpura ou amarelo acastanhado; poucas pilosidades glandulares curtas ou glabro. Estigma capitado ou discoide; terminal; 2-4 lóbulos; glabro ou piloso glandular; castanho, púrpura, amarelo-pálido ou amarelo. Frutos em cápsula loculicida; glabros; deiscentes longitudinalmente; ovóides, oblongos ou obovóides; 1 célula; 2 valvas; com muitas sementes. Sementes minúsculas; em forma de pera, esféricas ou obovóides; branco-amareladas, laranja-amareladas ou castanhas; reticuladas

Orobanche - chave para as espécies

- Flor com 2 bractéolas; cálice gamossépalo:
  - Corola com menos de 20 mm de comprimento:
    - Caule geralmente não ramificado; corola 10 -15 mm. de comprimento; dentes do cálice ± mais curto que o túbulo do cálice10............ ***Orobanche ramosa.***
    - Caule geralmente ramificado; corola com 12 - 20 mm. de comprimento; dentes do cálice ± igual ao tubo do ....cálice8. ***O. mutelii.***
  - Corola com mais de 20 mm de comprimento:
    - Dentes do cálice iguais em comprimento:
      - Antera pilosa; dentes do cálice 4 - 5:
        - Caule até 53cm. de comprimento; corola 20 - 36mm. de comprimento. .... 1. ***O. aegyptiaca.***
      - Antera lanada; dentes do cálice 4:
        - Caule até 22cm. de comprimento; corola 12 - 22mm. de comprimento. ....4 . ***O. Coelestis.***
    - Dentes do cálice de comprimento desigual; caule até 28mm. de comprimento; Corola 20 - 37mm. de comprimento; antera lanada3 . ***O. arenaria.***
- Flores sem bractéolas; cálice dividido em metades:
  - Metades do cálice completamente separadas:

- Caule 18 - 53 cm.; filamento inserido 3 - 6 mm. acima da base da corola; corola 15 - 28 mm de comprimento6 .*O. kurdica.*

- Caule 5 - 12 cm.; filamento inserido 1,5 - 3 mm. acima da base da corola; corola 10 - 21 mm. de ....comprimento9. ***O. ovata*** .

- Metades do cálice unidas na base:

- As metades do cálice abrem-se dorsalmente para o caule:

- Dentes do cálice 2; filamento inserido 2 - 3.5mm. acima da base da corola; antera ....glabra7. ***O. minor.***

- Dentes do cálice 4; filamento inserido 3,5 - 6mm. acima da base da corola; antera pouco lanada .... 11. ***O. singarensis.***

- As metades do cálice abrem-se dorsiventralmente (divididas em 2 partes unidas na base):

- Dorso do tubo da corola fortemente curvado perto da base, quase reto, lábio superior da corola curvado para cima:

- Caule de 15-77 cm. de comprimento; lábio superior da corola patentemente glandular piloso ....5. ***O. crenata.***

- Dorso do tubo da corola ± regularmente curvado ao longo de todo o seu comprimento para cima:

- Caule 10 - 30cm. de comprimento; lábio superior da corola lanado-piloso. ....2 .***O. anatolica*** .

1 - *Orbanche aegyptiaca* Pers., sun Pl. 2:181 (1807) ; Hand. Maz. In Die Vege. Verlhaltnees. Von Mesopotamian und Kurdistan. 406 (1910); Post., Fl. Syr. Pl. Sin. 2: 314 (1933); Zohary. the Fl of Iraq and phytogeo . Subdiv. 136 (1946); Parsa, Fl. Del Iran. 4: 499 (1949); Cooke. Fl. Bom. Pres. (rep. ed.) 2: 387 (1958); Novopokr., in Kom. Fl. Russ. 20: 60. Tab. 4. Fig. 5 (1958) ; Rech . Fl. Iranica. 5:7 (1964); Rech .,Fl. Lowland of Iraq, 553 (1964); Tutin., Fl. Eur. 3 : 288 (1972); R.R. Stewart, Ann. Cat. Vas. Pl. W. Pakistan & Kash. 671. (1972); Tackholm, Fl. Egy. 2: 508 (1979); Jafri. Fl. West Pakistan. 98: 8 (1976); Chack, Pl. wealth of Iraq. 1:398 (1976); Davis & et al, Fl. Turkey. 7:8 (1982); Daoud., Fl. Kuwait. 192 (1985).

Syn: *Phelipaea longiflora* C.A. Meyer, Verz Pfl. Cauc. 104 (1831); *O. indica* Buch. Ham. ExRoxb. , Fl. Indica. 3: 27 (1883); *Phelypaea indica* (Buch - Ham) G Don, Gen. Sys. 4: 632 (1838*); P. aegyptiaca* (Pers.) Walp., Repert. 3: 463 (1844 - 45); Ic: Beck. Mongr. Orob. 7.1f. 14: 1,3 ,5 (1890); *O. ramosa* Auct. Non linn. Hook. f., Ic. 326; Blatter, Beaur Fl. Kash. 2: 71 (1929);

Ervas perenes; peludas. Haustórios cilíndricos sólidos. Caule geralmente ramificado ou não ramificado; ereto; densamente glandular piloso; amarelo, amarelo-pálido, branco-amarelado ou violeta-amarelo. Folhas reduzidas; semelhantes a escamas; sésseis ou subsésseis; lanceoladas ou deltóides; acuminadas, inteiras ou serrilhadas; amarelas, castanhas-pálidas ou branco-amareladas; pilosas. Inflorescências indefinidas; terminal; espiga; muitas flores (3-35 flores); 2-2.3x1.5-3.5cm. Brácteas pequenas; amarelas ou amarelo-pálidas; inteiras; agudas ou acuminadas; deltóides ou lanceoladas; 4-12 x 2-6 mm; densamente pilosas glandulares. Bracteolas 2; conadas na base do tubo do cálice; 4-10 x 0,3-0,5 mm; lineares; acuminadas; inteiras; amarelas ou amarelo-pálidas; densamente pilosas e glandulosas. Cálice (fig. 8-1); gamossépalo; 4-5 sépalas não atadas; 6-17 x 5-9 mm; amarelo, amarelo pálido ou castanho claro; piloso. Dentes do cálice 4-5; agudos ou acuminados; inteiros. Corola (fig. 10-1) sinpétala; campanulada; 13-36 x 5-9 mm; bilabiada; lóbulos 5; lábio superior com 2 lóbulos; lóbulos tingidos de azul ou violeta, tubo amarelo ou branco-amarelado; lóbulos arredondados; pilosa densamente glandular e pilosa longa no interior dos lóbulos inferiores. Androceu 4 estames; didínamo. Filamento sólido; fliforme; 8 -12x0.4-0.8 mm; epipétalo; inserido 4-7mm. acima da base da corola; amarelo-amarelo esbranquiçado; escassamente piloso glandular. Antera com 2 células; ovoide ou oblonga; mucronada; longa lanada ou longa pilosa; amarela ou amarelo-pálido; 1-2 x0,5-1mm. Gineceu (pistilo) um. Ovário superior; livre; glabro ou pouco piloso glandular curto no ápice. Estilete simples; sólido; filiforme; glabro ou com pilosidade glandular pouco curta; 15-22 x 0,3-0,6 mm; branco-amarelado ou amarelo. Estigma terminal; 2 lóbulos pequenos; 1,5-3 x 0,7-1,2 mm; glabro, oblongo; amarelo ou amarelo pálido. Sementes minúsculas, castanhas ou amarelo-alaranjadas; 0,12-0,35 x 0,12-0,25 mm; reticuladas; esféricas ou em forma de pera.

Habitar: Argila cascalhenta, encosta, campos cultivados.

Tipo: no Egito a (Egito), coqubert (holo. G. DC) C.

Espécimes representativos examinados:

MAM: perto da ponte de Khabor, 15 km N.W. de Zakho, 10. maio. 1975, F. Karim, M. Nuri, K. Hamad, 167(BAG); argila rica de vally largo, 1 km, W. de Duhok , 25. Abr. 1964, P. Barkely, 008320 (BUA); Zakho, 900m, 10. Sep.2000. S. H. S. Miran, (787, 788, 789, 795), (SUH); Batufa 30 km E. de Zakho, 920 m, 11.Set. 2000, S. H. S. Miran, (942, 943, 944), (SUH); Duhok, 860 m, 14. setembro de 2000, S. H. S. Miran, (970, 971, 972), (SUH).

MRO: Kema Sur (montanha Qandil) 1. Ago. 1957, Al- Raw 24132 (BAG); W. face do mt. abaixo de Salahaddin, Arbil, 8. maio. 1963, A. Barkely e Sh. Haddad, 006682 (BUA); Qorrea 38 km. E. de Arbil. 900-950m, 9. Sep. 2000, S. H. S. Miran, (1072, 1073, 1074) (SUH); Khalifan, 90 km N. E. de Arbil, 10. Set. 2000, S. H. S. Miran, (1069, 1070) (SUH); Choman 155 km. N.E. de Arbil, 19. Set.

2000, S. H. S. Miran (1038, 1039) (SUH).

MSU: Chewa Rash N. E. de Rania, 650 - 700m, 9. maio. 1959, A l -Rawi, 28448 (BAG); Halabja 750 m., 25. Jul. 1973, M. Nuri, 41201 (BAG); 15 Km. S. de Chuwarta (Tagran) 1070m, 13 . Nov. 1979, Al-Kasi & Al-Khayat, 51137 (BAG); Shewa Shoor perto de Chamchamal, 4. maio. 1980, Al-Shahbas & Y. S. Faris, 1925 (SUH); Anab 3 km. N.E. de Halabja, 700-750m, 3. Ago. 2000, S. H. S. Miran (125,126) (SUH); Kani Shaban vill. 8km S. W. de Penjuwen, 1300 - 1350m, 8. Aug. 2000, S. H. Miran (190, 191) (SUH); Gafaran vill. 10km. W. de Qaradagh, 950 - 1000 m., 14.Aug. 2000, S. H. S. S. Miran (450, 451) (220, 221) (SUH); Chuwarta 50km. N.E. de Sulaimani 1300m, 20. agosto 2000, S. H. S. Miran (450, 451) SUH); Rania 130 Km. N. W. de Sulaimani, 13. Set. 2000, S. H. Miran, (544, 545) (SUH); Qashkoli perto de Dukan 800 - 900m, 1. Set. 2000, S. H. S. Miran, (580, 581).

FAR: Kalak 35 km N. W. de Arbil. 420m, 22. Sep. 2000, S. H. S. Miran, (1075, 1076) (SUH); Toorak 6 km W. de Arbil, 415 m, 22. Set. 2000, S. H. S. Miran (1081, 1089) (SUH).

FKI: Said Jezhney 30 km. S. W de Kalar, 200 - 250m, 20. Jan. 2000, S. H. S. Miran (45, 46) (SUH); Goban Arab vill. 8 km. N. W. de Kifri, 200 - 250 m, 24. Jul.2000, S. H. S. Miran (115, 116) (SUH).

Distribuição: N. Iraque / Kuwait / Arábia Saudita / Egito / S. E. Europa / Crimeia / Cáucaso / Himalaia / Turquia / Síria / Irão / Paquistão.

2 - ***O. anatolica*** Boiss & Reuter in DC., Prodro. 11: 17 (1847) Bech., Fl. Or.192. Boiss. Fl. Or. 4: 504 (1879); Handle-Mazzeti, em Die Veg. Verhaltnisse Von Mesopotamein und Kurdistan. 407 (1910); Post., Fl. Syr. Pal. Sin. 2: 315 (1933); Zohary, the Fl. of Iraq and its phytogeos. sub div. 136 (1946); Parsa, Fl. Del Iran. 4: 515 (1949); Rech, Fl. Iranica. 5: (1964); Chack, Pl. wealth of Iraq. 1: 398 (1976); Davis& et al, Fl. Turkey. 7: 21 (1982).

Syn: ***O. alba*** Snesu C.Koch in Linnaea. 22; 663 (1849); não Stephan (1800) ; ***O. leucopogon*** Boiss. & Hansskr in Boiss. Fl. Or. 4: 504 (1879).

Ervas anuais. Haustário; sólido; cilíndrico. Caule ereto; geralmente não ramificado; cilíndrico sólido; curto; 10-30 x 0,4 -1,7 cm; piloso glandular curto; vermelho acastanhado, púrpura acastanhado ou púrpura opaco. Folhas escamosas; sésseis; lanceoladas; acuminadas; inteiras; 10 - 20 x 5 - 10 mm; pilosidade brevemente glandular castanho-púrpura. Inflorescências indeterminadas; espiga terminal; muitas flores (4 - 45 flores), 3 - 22 x 2.5-4.5cm. Brácteas oblongas ou lanceoladas; acuminadas; inteiras; 7-23 x 3-8,5 mm; iguais ou mais compridas que a flor; abundantemente pilosas e glandulosas; vermelho-acastanhadas. Ebracteoladas. Cálice (fig. 9-9) dividido em 2 partes; camapanulado; 10-19,5 x 3,5-8 mm; amarelo-acastanhado ou castanho-púrpura; densamente piloso e glanduloso; cálice totalmente aberto pela face dorsal voltada para o caule. Dentes do cálice 4; desiguais; acuminados;

filiformes; inteiros; 3-5 nervuras; dentes longos 6.5-10 x 1.2-7mm.; dentes curtos 5-9 x1.2 - 5mm. Corola (fig. 11-9) sinpétala; campanulada; 15-28 x 7-12mm.bilabiada; lóbulos 5; lábio superior 2 lóbulos; lábio superior fortemente curvado; ventricose-inflado acima da inserção dos estames; alargado em direção à garganta; pilosidade glandular densamente curta no exterior e no interior da garganta; pilosidade lanada no lábio superior; vermelho-castanho, tingido de rosa, amarelo-alaranjado com uma calosidade avermelhada entre os lóbulos das pétalas, lustroso com tubo lilás; lábio superior não dividido; limbo lanado longo; arredondado. Estames 4, didínamos. Filamento filiforme; sólido, amarelo ou amarelo pálido; brevemente piloso glandular, 11-16 x 0,5-0,8 mm; inserido 2,5 - 4 mm. acima da base da corola. Antera ovoide; mucronada distintamente longa; 2,5-3,5 x 1,5-2 mm; pilosidade glandular curta; pálido amarelado. Ovário ovoide ou oblongo; glabro castanho, castanho-amarelado ou pálido-amarelado; 6.5-10 x 2 - 5mm. Estilete simples; terminal; filiforme; sólido; 9-15 x 0.5-1.1 mm; amarelo; poucas pilosidades glandulares curtas. Estigma 2 lobado; inchado; 2.5-3.3 x 1.3 -1.9 mm.; castanho claro ou púrpura acastanhado; pilosidade glandular densa e curta. Cápsula com 1 célula; deiscente loculicida; ovoide ou oblonga; glabra; amarelo pálido; 6-10 x 2-4.5 mm. Sementes minúsculas; em forma de pera ou esféricas; reticuladas; castanhas ou laranja-acastanhadas, 0,27-0,55 x 0,19-0,37 mm.

Habitat: calcário, montanha rochosa.

Tipo: {Turquia (2 Denizli)} monte Cadmo (Honaz Da.) supra Colossam (Honaz); Boissler (G); {C2} in caraie montibus, 1843, Pinard (G); {C2 Burdur} Prop Bouldour, 1845, A. von Heldreich (G).

Espécimes representativos examinados:

MSU: Piramagrun E. virado para a encosta até Sorchal, 1500 - 1700 m., 20. may. 2001, S. H. S. Miran & Y.S, Faris (1203, 1204, 1205, 1206, 1208, 1209, 1210, 1211, 1212, 1213, 1214, 1215, 1216, 1217, 1218, 1219, 1220) (SUH); Azmer mt. perto de Sulaimani, 22. May. 2001, M1400 - 1500 m., S. H. S. Miran & Sh. Aziz (1289, 1290, 1291, 1292, 1293, 12944) (SUH).

Distribuição: N. Iraque / Síria / Cáucaso / Turquia / N. e N. W. Irão

3 -O. ***arenaria*** Borkh. In Bot. Mag (Roemer & Usteri) 1: 6 (1797) Index Kewensis. 2: 372 (1892) ; Parsa., Fl. Del Iran. 4: 507 (1949); Tutin & et al, Fl. Eur. 3 : 289 (1972); Davis & et al, Fl. Turkey. 7: 12 (1982).

Syn: ***O. laevis*** L., sp. Pl. 2. 632 (1753); *Phelipaea arenaria* (Borkh.) Walp, Repert, 3: 459 (1844-1855), Ic. Pflanzenriech 96 (I V. 261): F. 128 - 1(1930).

Ervas perenes; peludas. Caule ereto; geralmente não ramificado; 20 x 28 cm. de comprimento; cilíndrico sólido; piloso glandular; amarelo, amarelo pálido ou amarelo acastanhado. Folhas alternas;

sésseis; inteiras; acuminadas; com muitas nervuras; 9-18 x 2,5-6 mm; amarelo-acastanhado; pilosas glandulares. Inflorescência indeterminada; terminal; espiga; 4 -12 x 2,5 - 5cm., com 10 - 35 flores. Brácteas escamiformes; oblongas ou lanceoladas; acuminadas; 8 -15 x 2 - 5.5mm.; amarelo-acastanhadas; pilosas glandulares. Bracteolos 2; livres; lineares; comprimento desigual; amarelo pálido ou amarelo; 7-12 x 0,5 - 0,9 mm; pilosos glandulares; Cálice (fig. 8-5) gamasepaloso; amarelo ou branco sujo; piloso glandular densamente curto; 10-19 x 4-7 mm. Corola (fig. 10-5) sinpétala; tubular em baixo; bilabiada; lóbulos 5; lábio superior 2 lóbulos; quase erecta; 24-37 x 3,5-9 mm; amarela, amarelada-pálida ou branco-amarelada; lóbulos arredondados; pilosa glandular com pilosidade longa nos lóbulos laterais inferiores. Estames 4; didínamos. Filamento filiforme; sólido; 10-13x 0.3-0.7mm; violeta-esbranquiçado; pilosidade glandular densamente curta; expandido na base; inserido 5.5-7.5 mm acima da base da corola. Antera oblonga ou ovoide; 1-1.7 x 0.7-1.2 mm; amarelo-pálido ou branco-amarelado; densamente longa lanada. Pistilo 1. Ovário superior; livre; oblongo ou ovoide; 5-7 x 1,5-3,5 mm; púrpura claro ou castanho claro; glabro. Estilete simples; terminal; 16-19 x 0,2-0,5 mm; amarelo-pálido ou branco; pilosidade glandular escassamente curta; filiforme. Estigma 2 lobado; inchado; amarelo-acastanhado; glabro; 1.5-2.2x1-1.8mm. Cápsula com 1 célula; deiscente loculicida; oblonga ou ovoide; 4.5-6.5 x 1-3mm, amarelo pálido. Sementes minúsculas; numerosas; piriformes; oblongas a obovóides; reticuladas; 0.16-0.45 x 0.07- 0.29mm; castanhas ou castanhas claras; hilo terminal.

Habitat: montanha rochosa.

Tipo: {Artheilgen, Roemer.

Espécimes representativos examinados:

MSU: Piramagrun mt. W. face à aldeia de Zewe, 1200 - 1500 m 10 . maio. 2001, S. H. S. Miran & Y.S. Faris, (1225, 1226, 1227, 1228, 1229) (SUH).

Distribuição: Caucásia / Europa Ocidental e do Sul / Irão Ocidental / Turquia / N. E. França / Rússia / S. Espanha / Itália / N. Irão / S. Bulgária.

4 **- *O. coelestis*** (Reuter) G.Beck.Monogr.Orob.119,t.2.2.f.21,1-2 (1890); Handle - Mazzetti, em Die Vege .Verhaltniss. Von. Mesopotamein und Kurdistan. 407(1910), Zohary, Fl.of Iraq and its phytogeo. sub div. 136(1946), Parsa, Fl. Del Iran.4 : 502 (1949); Novopokr., in Kom., I c. 54. tab. 4, fig .2: Schi - Czeika. in Rech. F. I C .9: R. R. Stewart, IC .672 (1958); Rech., FI. Iranica .5: 9 (1964); Rech., Fl. Lowland of Iraq . 55(1964); Tutin & et al, Fl.Eur .3 : 288 (1972); Jafri ., Fl. West Pakistan .98; 12 (1976); Jafri .,Fl. Líbia .55: 13 (1978); Davis & et al, Fl. Turquia. 7:10 (1982).

Syn; *Phelipaea coelestis* Reuter in DC., Prodr. 11: 5(1847) *Phelipaea syspirensis* C.Koch in Linnaea. 22: 662 (1849); *Phelipaea tricholoba* var. *simplex* Reut. in DC. Prodr.11;(1890); Durand & Barratte. IC. 182; *Kopsia coelestis* (Reut.) Beg. et. Vacc. In ann. di. Bot. 13: 29 (1914); Pamp., Prodr. Fl. Cir. 411. (1931)

Ervas anuais; um pouco carnudas; peludas. Caule ereto; não entrançado; sólido; cilíndrico; densamente piloso glandular; 15 - 30 x 0,2 - 1cm.; amarelo-pálido ou branco-amarelado. Folhas escamiformes; pequenas; sésseis; pilosas; oblongas; acuminadas ou agudas; inteiras; 5.5-13 x 2.5-7.3mm.; castanho-amareladas ou amarelo-pálidas. Inflorescências indefinidas; terminais; em espiga; laxas (3-25 flores); 2,5 - 8,5 X 2 - 3cm.; brácteas escamiformes; oblongas ou lanceoladas; inteiras; acuminadas;

6.5 - 13,5 x 3,5 - 6,2 mm; quase igual ao comprimento do cálice; castanho-claro ou branco-amarelado; densamente piloso glandular. Bracteolos 2; lineares; inteiros; acuminados; pilosos, amarelo-pálidos ou branco-amarelados, 5,5 - 11,5 x 0,5 - 1,5 mm. Em comprimento.

Cálice (fig. 8-3) gamossépalo; campanulado; 11 -22.5 x 2.5 -6.5mm.; amarelo pálido; piloso; tubular curto abaixo; parte superior dentada. Dentes do cálice 4; iguais em comprimento; duas vezes mais longos que o tubo do cálice; comprimento 7.5 -14.5mm. Corola (fig. 10-8) sinpétala; campanulada; tubular em baixo; parte superior lobada; bilabiada; lóbulos 5; lábio superior 2 lóbulos; 12-25.5x5-7mm.; densamente glandular pilosa; amarelo-violeta ou branco-amarelado; lóbulos agudos. Androceu (estame) 4; didínamo. Filamento sólido; filiforme; amarelo ou branco; pilosidade glandular escassamente curta,

5.5 - 8 x 0.3 - 0.7mm; epipétala; alargada na base; inserida 3.5 - 7mm acima da base da corola. Anteras 2 células; ovóides; mucronadas curtas; glabras raramente poucas lanadas; amarelas ou branco-amareladas; 1-1.8 x 0.5-1mm; Gineceu (pistilo) único. Ovário ovoide ou subesférico; glabro; amarelo ou amarelo-pálido; 3-6x1,2-3mm. Estilete terminal; sólido; cilíndrico ou filiforme; glabro ou com pouca pilosidade glandular curta; amarelo ou branco; 7.5-11.5 x 0.4 - 0.8mm. Estigma capitata, com 2 lóbulos; castanho ou castanho-amarelado, 0.7-1.5 x 0.5 -1mm; glabro. Cápsula ovoide ou oblonga; pálida ou amarela; 3-5 x 1.5-3mm.; glabra. Sementes minúsculas; numerosas; em forma de pera ou oblongas; castanhas ou castanho-amareladas; 0,1-0,22 x 0,80,18mm.; reticuladas.

Habitat: Argila, calcário, montanha rochosa, campos cultivados.

Tipo: {Turquia BI. Mansia} em Cacumine montis Sipyli (Mansia Da.) Boissier; {C1/2} Caria, {1843}, Pinard (K! W!).

Espécimes representativos examinados:

MJS: Singar mt. 600 - 700 m, 16. Abr. 1984, Al-Kasi & Wedad, 52045 (BAG).

MRO: Face oeste da montanha abaixo de Salahaddin, Arbil, 8. maio. 1963, F. Barkely & Sh. Haddad, 38522 (BAG),

MSU: Zewe vill, Piramagrun mt. 800 -1800 m, 10. maio. 2001, S. H. S. Miran & Y. S. Faris, (1230, 1231) (SUH).

Distribuição: N. Iraque / N. África / Turquia / Irão / Síria / Arménia / Cáucaso / Afeganistão.

5- ***O. crenata*** Forsskal, Fl. Egito. Arab -133 (1777) De Candolle Prodromus sys. Naturalis 717 (1846); Post., Fl. Syr. Pl. 2: 315 (1933); Parsa, Fl. Del Iran. 4: 517 (1949); Rech, Fl. Iranica. 5: 19 (1964); Tutin & et al, Fl. Eur. 3. 290 (1972); Tackhol, Fl. Egy. 506 (1974); Chack, Pl. wealth of Iraq. 1: 398 (1976); Jafri, Fl. Lybia. 55 : 21 (1978); Davis& et al, Fl. Turkey. 7: 14 (1982);.

Syn: *O. speciosa* DC. Fl. Fr. 6: 393 (1815); *O. pruinosa* Lapeyr., Abreg. Pl. Pyren. Suppi. 87: (1818); *O. foetida* Auct. Non Poir. (1789): Viv. Fl. Lib. Spec. 34 (1824); *O. spiciosa,* D. C., Fl. Fr. 6: 393 (1815) non sensu A. Deitrich (1835) *O. segetum* Spruner ex. F. W. Schultz. In flora 26: 125 (1843); IC. Pflanzenreich 96 (4.26). Fig. 14. (1930).

Ervas perenes; peludas. Caule geralmente não ramificado; ereto; inchado na base; cilíndrico sólido; 20-77 x 0,5-1,9 cm; púrpura ou amarelo acastanhado; densamente piloso glandular. Folhas em escama; lanceoladas; inteiras; acuminadas; 15-30x4-12mm; amarelo-pálido ou acastanhado; acuminadas; inteiras; lanceoladas; pilosas glandulares. Inflorescências indefinidas; terminais; em espiga; muito floridas (15-75 flores); 10-45 x 2,5-4,5cm. Brácteas lanceoladas; acuminadas; inteiras; densamente; pilosas glandulares; castanhas ou amarelo-acastanhadas; 15-27x 3.5-8mm., nervuras 3. Ebracteoladas. Cálice (fig. 9-7) dividido em 2 metades, conado na base; cada metade bífida ou bidentada; abundantemente piloso e glanduloso; castanho ou púrpura acastanhado; 16 - 30 mm de comprimento. Dentes do cálice 4; desiguais; estreitos ou filiformes; subulados; inteiros; dentes longos 6 -19 x 1-2.5mm.; parte da base das metades do cálice 2.5-7.5 x 2.5-4.5mm. Corola (fig. 11-7) sinpétala; campanulada; 18-27 x 6,5-10 mm; alargada acima da inserção do estame; dorso da corola reto a partir de uma base curva; branca, branca pálida, azul ou violeta; quase glabra; lóbulos agudos. Estames 4; didínamos. Filamento filiforme; sólido; abundantemente piloso perto da base, com pilosidade pouco glandular acima; amarelo ou amarelo-pálido; 12,5-16 x 0,3 -1mm,; inserido 2-5mm. acima da base da corola. Antera com 2 células; oblonga; amarelada-pálida; glabra; mucronada; 2,5 - 3,5 x 0,5 - 0,9mm. Ovário ovoide ou oblongo; glabro; 5 -1,05 x

2.5 - 4 mm; amarelo-púrpura ou castanho-escuro. Estilete simples; terminal; filiforme; 9 -14,5 x 0,4 - 0,9 mm; piloso glandular pouco curto; amarelo pálido. Estigma 2 lobado; glabro; pálido (amarelo ou branco), violeta ou púrpura opaco; 1.2 - 2 x 0.7 -1.2mm. Cápsula oblonga; glabra; amarelo pálido;

5 -10 x 2 - 4mm. Sementes minúsculas; numerosas; amarelo-pálido ou castanho-escuro; reticuladas; 0,18 -0,35x0,1-0,27 mm; em forma de pera ou esféricas.

Habitat: Montanha rochosa argilosa, vale rochoso.

Tipo: {Egito} Kahira (Cairo), Forsskal (holo. C).

Espécimes representativos examinados:

MAM: Ghara mt., 1700m, 31. maio. 1977, Al - Dabbagh & M. Jasim, 46979 (BAG).

MJS: Sinjar mt. 900m, 21. May. 1980, Al-Kaisi & A l-Khayat, 526264 (BAG).

MSU: Kani Otman 20km. N.W. de Dukan, 850m, 12. Abr. 1978, Al-Kasi & Al-Khayat, 49341, (BAG); Piramagrun mt. W. de Zewe vill. 1500 - 2000m, 10.maio. .2001, S. H. S. Miran & Y. S. Faris, (1262,1263, 1264, 1265, 1266 ,1267,1267, 1268, 1269) (SUH).

Distribuição: N. Iraque / S. Euro. / Irão / Líbia / Síria / Turquia / N. África / Egito / Arménia.

6 -*O. **kurdica*** Boiss. & Hausskn., in Biossi. Fl. Or. 4: 505 (1879); IC. Beck. Mongr. Orob. 3. Fig. 52 (1890); Zohary, na Fl. do Iraque e sua subdivisão fitogeográfica. 136 (1946); Parsa, Fl. Iran. 4: 515 (1949); Rech., Fl. Iranica. 5:17 (1964); Chack, Pl. wealth of Iraq. 1: 398 (1976); Davis & et al, Fl. of Turkey. 7. 20 (1982).

Ervas perenes; peludas. Caule simples, ereto, 20-50 x 0,5 -1,7 cm; piloso glandular; castanho; violeta púrpura ou arroxeado. Folhas semelhantes a escamas; oblongas; 10-35x7-15mm; castanhas ou acastanhadas-roxas ou violeta-arroxeadas; densamente pilosas glandulares; inteiras; lanceoladas; acuminadas. Inflorescência indeterminada; espigas terminais; muitas flores (10 -50 flores); 5-30 x 2 - 4cm. Brácteas escamiformes; lanceoladas; acuminadas; inteiras; 13 - 27,5 x 6 -11mm; pilosidade glandular densa e curta; castanhas, pálidas ou púrpura acastanhadas. Ebracteolado. Cálice (fig. 8-6) 4 sépalas; dividido em duas metades completamente separadas; cada metade bidentada; densamente piloso glandular; púrpura ou castanho; comprimento 13.5-22.5mm. Dentes do cálice 4, desiguais; inteiros; acuminados; dois patentemente mais longos que os outros; inteiros; acuminados; dimensões dos dentes longos 7.5-13.5 x 0.7-1.8mm.; dentes curtos 0.5-10 x 0.2 -1.8mm.

Corola (fig. 10-6) sinpétala; (gamopétala); campanulada; bilabiada, lóbulos 5; lábio inferior 3; lábio superior profundamente 2 lobado; 15-28 x 6,5 -10,5 mm.largo; muito alargado em direção à garganta; ventricoso - inflado acima da inserção dos estames; cor de carne com uma base esbranquiçada no estado seco com castanho claro em direção à garganta; piloso glandular densamente curto; dorso da corola fortemente curvado; lóbulos arredondados e escassamente piloso glandular. Estames 4; didínamos. Filamentos sólidos; filiformes; 7.5-11.5x0.5-0.9mm; densamente pilosos na base e pilosos glandulares para cima; púrpura ou castanho claro; terminais; inseridos 3 - 6mm acima da base da corola. Antera oblonga a obovoide; 2 células; mucronada; glabra,; 1.9-2.9 x 0.8 -1.7mm; castanha ou amarela acastanhada; poucas pilosidades glandulares curtas. Pistilo único. Ovário superior; livre; oblongo ou obovoide; glabro; amarelo acastanhado ou amarelo pálido; 4.5-12 x 2.5-5.7mm. Estilete terminal; sólido; filiforme; amarelo-pálido; escassamente piloso glandular; 8.5-12.5mm. Cápsula oblonga ou sub-esférica; 3.5 -11 x 2 - 5mm; amarelo pálido; glabra; com muitas sementes. Sementes minúsculas; esféricas ou piriformes; 0,21-0,41 x 0,13 - 0,28 mm; amarelo pálido ou castanho claro ou laranja acastanhado.

Habitat: encosta de colina, montanha rochosa.

Tipo: {W. Irão} in montibus Avraman (Kuhe - Owerman) et Schahu Kurdistan Persica , 2445 m., Haussknecht (holo.G.).

Espécimes representativos examinados:

MAM: 20km.S .de Zakho, 610m, 18. maio. 1975, Botan. Staff, 43324 (BAG); Taky Blan perto de Zakho, 850 -1000 m, 6. maio. 2001, S. H. S. Miran & Al-Khayat & J. Saeed. (1276, 1277,1278) (SUH).

MSU: Piramagrun mt. S.E. enfrentando declive. vally até Zawita, 1200 -1400m, 20. maio. 1980, Y. S. Faris 6033 (SUH); Piramagrun mt. virado para a encosta do lado N. de Zawita, 1700 -1900m, 20.maio.1981, Y. S. Faris 6034 (SUH); Piramagrun mt. W. face a Zewe vill., 1500 - 2000 m, S. H. S. Miran & Y. S. Faris, 10. May. 2001 (1155,1156, 1157, 1158, 1159, 1160, 1161,1162,1163) (SUH); SarSeer perto de Chuwarta, 1200 -1300m, 25. maio. 2001, S. H. S. Miran (1296, 1297) (SUH) Chuwarta, 40Km. N. E. de Sulaimaney, 1100-1150m, 25. maio .2001, S. H. S. Miran (1299, 1300, 1301,1302) (SUH).

Distribuição: N. Iraque / N. & W. Irão / Irão, Iraque e elemento turco / Arnimia.

7- ***O. minor*** Sm. Engl. Bot. 6:422 (1797); Carl Linnaeus. Sp. Pl. 2:632 (1753); Post., Fl. Syr. Pal. Sin. 2:316 (1933); Parsa, Fl. Del Iran. 4:512 (1949); core., Pl. Taxo. 409 (1955); Andrews., the flowering Pl. of the Sudan. 3:150 (1956); Tutin &et al, Fl. Euro. 3:290 (1972); Tackhol, Fl. Egy. 506 (1974); Rendle, the class. of flowering pl. 2:532 (1975); Davis & et al, Fl. Turkey. 7:17 (1982).

Syn: *O. barbata* Poir (1797); ***O. euglossa*** Riech B. fil., Ic. Fl. Germ. 20: 117, t. 217 (1862); Ic: Fitch & Smith, Iii. Brit. Fl. F. 722 (1923); Rossia-Craig, Drown Brit. Pl. 23: t. 28 (1966).

Ervas anuais Caule ereto; simples; cilíndrico sólido; amarelo-pálido, ou amarelo-acastanhado; densamente glandular piloso; 15 - 45 x 0,4 -1cm. Folhas semelhantes a escamas; sésseis; inteiras;

acuminadas ou agudas; lanceoladas; com muitos veios; densamente pilosas glandulares; 10-23x3-12mm. Inflorescências indefinidas; terminal; espiga; muitas flores (5 - 45 flores); 3-20 x 1,5 - 3,5cm. Brácteas em forma de escama; lanceoladas; acuminadas; inteiras; amarelo-pálido ou amarelo-acastanhado; pilosidade glandular densamente longa; 6 -17 x 3-6mm. Ebracteoladas. Cálice (fig. 9-8) dividido em duas metades, cada uma delas unida e não dividida; amarelo; amarelo-pálido ou amarelo-acastanhado; densamente piloso glandular. Dentes do cálice 2; desiguais; inteiros; acuminados ou triangulares; 6 -15 x 2 - 4mm. Corola sinpétala; campanulada; bilabiada; lóbulos 5; lábio superior 2 lóbulos; ligeiramente curvada para a frente; 10 -18 x 4-7mm; amarelo-pálido ou castanho-claro; escassamente pilosa glandular; glabra; lóbulos arredondados. Androecium 4; didínamo. Filamentos terminais; sólidos; filiformes; 6 -9 x 0.5 -1mm; amarelo pálido ou branco sujo; pilosidade moderadamente longa perto da base; glabros do meio para cima; inseridos 2 - 4mm acima da base da corola. Antera oblonga; 1 -2 x 0,5 - 0,8 mm, amarelo-acastanhado ou amarelo-esbranquiçado; glabra; mucronada curta. Pistilo único. Ovário oblongo a obovoide ou ovoide; 4 -10 x 1.5-5 mm; amarelo-acastanhado ou castanho; glabro com pequena pilosidade glandular curta perto do ápice. Estilete filiforme; 5-8 x 0,2 - 0,8 mm; amarelo-pálido, branco ou amarelo-acastanhado; pilosidade glandular escassamente curta; curvado no ápice. Estigma inchado; 1-2x0,5-1mm; castanho escuro ou púrpura acastanhado; piloso glandular pubescente. Cápsula unicelular; deiscente loculicida; glabra; oblonga ou ovoide; amarelo pálido ou castanho claro; 4-9 x 1,5-4,5mm. Sementes minúsculas; numerosas; em forma de pera ou oblongas; castanhas ou castanhas claras; reticuladas; 0,2-0,34 x 0,09-0,21 mm; hilo terminal.

Habitat: montanha rochosa.

Tipo: {Inglaterra} Norfolk, 1798, C. Sutton {holo. Hb. Sm.1087 /13(1)}.

Espécimes representativos examinados:

MAM: Galy Bblan perto de Zakho, 1100 -11200 m, 6. maio. 2001, Al-Khayat & S. H. S. Miran & J. Saeed, 1275 (SUH).

FKI: Sartaky Bamo mt. perto de Derbandikhan, 1200 - 1300 m, 9. maio. 2001, S. H. S.

Miran (1280, 1281, 1283, 1284, 1285, 1286, 1287) (SUH).

Distribuição: Turquia / N. Iraque / Síria / Egito / Palestina / S. e N. Europa / Irão / N. África / Nova Zelândia.

8 - ***O. mutelii*** F. Schultz in Mutel Fl. Fr. 2; 353 (1835); Handle Mazzetti in Die Vege. Verhaltniss Von Mesopotamein und Kurdistan. 406 (1910); Post., Fl. Syr. Pl. Sin. 2:314 (1933); Zohary, the Fl.

of Iraq and it's phytogeo. sub div. 136 (1946); Parsa, Fl. Del Iran. 4: 498 (1949); Rech., Fl. Lowland Iraq . 553 (1964); Rech., Fl. Iranica . 5:7 (1964); Tackhol., Fl. Egy. 2:508 (1974); Chack, Pl. Wealth of Iraq 1: 398 (1976); Jafri, Fl. Lybia. 55: 11 (1978); Mijahid. Fl. Saudi Arabia. 1: (1978); Davis & et al, Fl. Turquia. 7:7 (1982).

Syn: *Phelipaea macrantha* C. Koch in Linnaea 17: 290 (1843); *Phelipaea mutelii* (F. Schulyz) Reut. ap. DC. Prodr. 11: 8 (1947); *P. ramosa* (L.) C.A. Meyer var *mutelii* (F. Schultz) Countinho. Fl. Or. 4:499 (1879); *O. mutelii* F. Schultz. var. *typica* G. Beck et var. *spissa* (Rouy)G. Beck et var. *sinaica* G. Beck et var. *angustiflora.* G. Beck. Monogr. Orab. 96 (1890); *Kopsia mutelii* (Reut) Beg infiori epaeoletti, Fl. Ital. 2:471 (1902); *O. ramose* ssp. *mutelii* (F. Schultz) Cousinhood, Fl. Port. 566 (1913); *O. ramosa* var. *brevispicate* (Ledeb), Graham in Kew Bull. 467 (1955).

Ervas perenes. Caule ereto; geralmente simples, raramente ramificado, sólido; cilíndrico; amarelo-pálido ou castanho; densamente piloso glandular; 10 - 20 x 0,2 - 0,9 cm. Folhas sésseis; alternas; inteiras; acuminadas ou agudas; lanceoladas; amarelo-pálido; castanhas ou amarelo-acastanhadas; pilosidade glandular densa e curta; 4 -10 x 3 - 5mm; com muitos veios. Inflorescências indefinidas; terminais; espiga; (10 - 35 flores); 6 -11 x 2,5 - 4cm. Brácteas semelhantes a escamas; 5 -12 x 1,5 - 3,5cm, inteiras; acuminadas; amarelo-pálido, branco-amarelado ou castanho-claro; densamente pilosas glandulares. Bracteolos 2; mais estreitos que as brácteas; 7 -11x1 - 2mm; acuminados; densamente pilosos glandulares; amarelo-pálido.

Cálice (fig. 8-4) gamossépalo; campanulado; 7,5-15x3-7mm.; castanho, amarelo ou amarelo-pálido; densamente piloso e glandular. Dentes do cálice 4; iguais em comprimento; acuminados ou agudos; inteiros. Corola (fig. 10-4) sinpétala; campanulada; abaixo tubular; parte superior lobada; bilabiada; lóbulos 5; lábio inferior 3 lóbulos; lóbulos arredondados; 14-20 x 3-6mm; amarelo pálido, amarelo acastanhado ou lavanda; densamente pilosa glandular perto da base e escassamente pilosa glandular para cima; apertada acima da inserção do estame. Androceu 4; didínamo. Filamento terminal; filiforme, sólido; 6-10 x 0.3-0.7mm; amarelo ou amarelo acastanhado; glabro; inserido 4 - 6mm. acima da base da corola. Antera oblonga ou ovoide; distintamente mucronada; 1 -1.7 x 0.5-1mm.; branca ou branco-amarelada; glabra. Pistilo 1. Ovário superior; livre; obovoide ou ovoide; 6 - 10 x 3 - 6 mm; púrpura acastanhado ou castanho escuro, glabro. Estilete simples; terminal; filiforme; sólido; 7-10 x 0.3- 0.7mm.; amarelo pálido, castanho ou amarelo acastanhado; poucos pilosos glandulares pubescentes. Estigma 2 lobado; 1 -1.5 x 0.5 - 1mm; castanho escuro ou púrpura acastanhado; glabro. Cápsula 1 celular; deiscente loculicida, 5-9 x 3 - 5.5mm.; amarelo pálido ou castanho; oblonga ou ovoide; glabra. Sementes minúsculas; numerosas; 0,23-0,47 x 0,15-37 mm; hilo terminal.

Habitat: encostas e regiões subdesérticas.

Tipo: (Argélia) Bone (Annaba), Mutel (holo. P.).

Espécimes representativos examinados:

FPF: perto da estrada geral 15 km. S. E. de Kalar, 250 - 450 m, 6. maio. 2001, S. H. S. Miran & Kh. Musa, 1272 (SUH).

Distribuição: N. África / S. Europa / S. W. Ásia / Afeganistão / Arménia / Iraque / Turquia / Irão / Egito / Síria / Líbia / Palestina.

9 - ***O. ovata*** Blackelock sp. nov., em Beck. Mannagetta's. Chave em Pflanzner Beg. 4, 261,45, 113 - 4, 168 -17 (1930) Kew Bull. No. 1. 537 (1949); Al. Rawi, wild Pl. of Iraq with their distribution. 148 (1964); Chack, Pl. wealth of Iraq. 1. 398 (1976); Fawzi Karim, flowering parasite pl. of Iraq. 52 (1978).

Ervas anuais. Caule ereto simples; cilíndrico sólido; 5-11.5 x 0.6 - 1.2cm.; amarelado-pálido, densamente glandular piloso. Folhas semelhantes a escamas; lanceoladas ou oblongas; acuminadas ou agudas; inteiras; sésseis; amarelo-castanho ou amarelo-pálido; 8 -15 x 3-7mm.; abundantemente pilosas glandulares. Inflorescências indeterminadas; terminais; espiga muito florida (5 - 30 flores); 2,5 -8 x 1,5 - 3,5cm. Brácteas em forma de escama; oblongas ou lanceoladas; acuminadas; inteiras; 10 -17 x 3 - 6mm; quase igualando o cálice em comprimento; castanho claro ou amarelo pálido, densamente piloso glandular. Ebracteolado. Cálice (fig. 9-10) dividido em duas metades completamente separadas; branco amarelado ou pálido esbranquiçado; piloso abundantemente glandular; 10-15 mm de comprimento; metades do cálice bidentadas. Dentes do cálice 4; desiguais; acuminados; inteiros; dentes longos 7.5 -11x0.5-1mm; dentes curtos 5-7 x 0.5-1mm. Corola (fig. 11-10) sinpétala; companulada; bilabiada; lóbulos 5; lábio superior 2 lóbulos; 13-25 x 4-8 mm; castanho-claro ou castanho-púrpura; densamente pilosa glandular, lóbulos arredondados. Androceu 4; didínamo. Filamento filiforme; sólido; amarelo-pálido ou amarelo-esbranquiçado; piloso na base, escassamente piloso glandular para cima; 10-15x0.5- 0.9mm; inserido 1.5 - 3mm acima da base da corola. Antera ovoide ou oblonga; 2 células; mucronada; glabra; amarelo esbranquiçado ou amarelo pálido; 2-2.7 x 1-1.6mm.

Pistilo 1. Ovário livre; superior; ovoide ou oblongo; 4 -7.5 x 2.5 - 5mm.; glabro; castanho claro ou pálido. Estilete filiforme; sólido; 8 -11 x 0.4-0.8 mm.; escassamente pubescente glandular piloso; amarelo pálido. Estigma capitado; 2 lóbulos; 1,2 -2 x 0,6-1,2 mm; castanho; glabro. Cápsula oblonga ou sub-esférica; deiscente loculicida; glabra; 4-7 x 2 - 4.5mm; pálida. Sementes minúsculas; numerosas; esféricas ou subesféricas; reticuladas; castanhas ou pálidas, 0,25 - 0,45 x 0,1 - 0,3mm.
Habitat: Montanhas Rochosas.

Espécimes representativos examinados:

MRO: Jabal Seri Hassan Beg (zona de Rownduz), 1800 m, 27. Jul. 1932, E.R. Guest, 2912 (BUH).

MSU: Piramagrun mt. E. face, 1500 - 2000 m, 10. maio. 2001, S. H. S. Miran & Y. S. Faris, (1271) (SUH).

Distribuição: Endémica

10 **- *O. ramosa*** L., Sp. Pl. 633 (1753); De Candolle, in Prodromus syst. Naturalis. 717 (1846); Parsa, Fl. Del Iran. 4: 467 - 468 (1949); Quezel & Santa Nouv. Fl. Alg. 2: 855 (1963). (fig. 3. A.F); Rech., Fl. Iranica. 5: 6 (1964); Tutin., Fl. Euro. 3:288 (1972); Tackholm, Fl. Egy. 506 (1974); Jafri Fl. Libya. 55. 9 (1978); Davis & et al, Fl. Turkey. 7:6 (1982); Boulas, Fl. Kuwait . 139 (1988).

Syn: *Lathraea phelipea* Forsk. Fl. Or. 4: 498 (1779); Kopsia ramosa (L.) Dum., Comm. Bot. 16 (1822), *Phelipaea ramosa* (L.) . C. A. Meyer. Vers. Pfl. Cauc. 104 (1831); *Phelipaea oxyloba* Reuter in DC., prodr. 11:9 (1847); *Orobanche nana* (Reuter) Noex Beck. Managetta in Bible. Bot. 4 (19): 91 (1890).

Ervas anuais, peludas. Caule ramificado; sólido cilíndrico; amarelo-pálido, branco-violeta ou amarelo-esbranquiçado, 10 - 20 x 0.2 - 0.8cm.; densamente glandular piloso. Folhas semelhantes a escamas; pequenas; sésseis; acuminadas ou agudas; inteiras; lanceoladas ou deltóides; 5 - 7,5 x 2 - 4 mm; castanho-claro ou castanho-amarelado; pilosas glandulares; Inflorescências indefinidas; terminais; espiga; laxa (5 - 25 flores), 2 -10 x 1,5 - 2,5 cm. Brácteas escamosas (tipo folha); triangulares ou agudas; inteiras; densamente pilosas glandulares; amarelo-pálido ou branco-amarelado; 3 -7,5 x 1-3 mm. Bracteol 2; geralmente mais comprido e mais estreito que as brácteas; linear; castanho-amarelado ou amarelo-esbranquiçado; piloso densamente glandular; 4-6 x 0,3-0,6 mm; acuminado; inteiro. Cálice (fig. 8-2) gamossépalo; campanulado; tubular em baixo; 4-8,5 x 2,5 -5mm; amarelo ou amarelo-esbranquiçado; piloso glandular. Dentes do cálice 4; iguais em comprimento; geralmente mais curtos do que o tubo do cálice; ápice acuminado; inteiros; lanceolados. Corola (fig. 10-2) sinpétala; campaulada; tubular em baixo; bilabiada; lóbulos 5; lábio inferior com 3 lóbulos; 7-15 x 2,4 -4,5 mm; amarelo-violeta ou branco-amarelado; densamente pilosa; lóbulos arredondados; lóbulos inferiores geralmente mais compridos e mais estreitos do que os superiores. Estame 4; didínamo. Filamento sólido; filiforme; dorsifixo; 4-0,7 x 0,2-0,5 mm; amarelo ou branco; pouca pilosidade glandular curta; epipétalo; inserido 3 - 5 mm. acima da base da corola. Antera com 2 células; ovoide ou oblonga; mucronada; branco-amarelada; glabra raramente lanada; 0.8 -1.2 x 0.5 -1mm. Pistilo único. Ovário ovoide; glabro; 2.5 - 4.5 x 1.5 -2.5mm., amarelo pálido. Estilete sólido; cilíndrico; terminal; 5-7 x 0.2 -0.7mm.; pilos glandulares pouco curtos; branco-amarelado; curvado no ápice em direção às anteras. Estigma inchado; 2 lóbulos, 0.5-0.8 x 0.3-0.5mm., castanho claro ou glabro pálido. Frutos: cápsula loculicida; ovoide ou oblonga; glabra; castanha ou amarelada-pálida; 2,5-4 x 1,5-2 mm; 2 valvas; deiscente longitudinalmente; com muitas sementes. Sementes minúsculas; esféricas ou piriformes; castanhas ou castanho-amareladas; reticuladas; 0,18-0,32 x 0,1-0,22 mm; terminal do colículo.

Habitat: Montanhas rochosas, campos cultivados.

Tipo: da Europa, homem de Sperr (Hb. Linn. 798/9).

Espécimes representativos examinados:

MAM: Galy Zakho, perto de Zakho, 600 - 850 m, alt., 6. maio. 2000, S. H. S. Miran & Al- Khayat & J. Saeed, (1273, 1274) (SUH).

Distribuição: N. Iraque / N. África / S. Euro. / Índia / Turquia / América do Norte / Síria / Egito / Rússia Central / Austrália / N. e N.W. Irão / Afeganistão.

11 - ***O. singarensis*** G. Black. Zohary, in Fl. of Iraq & its phytogeo. Subdiv. 136 (1946); Rech, Fl. Lowland Iraq. 554 (1964); Chack, Pl. Wealth of Iraq. 1:398 (1976); F. Karim, flowering parasite Pl. of Iraq. 52 (1978);

Ervas anuais. Caule ereto; geralmente simples; cilíndrico sólido; 18 - 22 x 0,5 - 1cm.; amarelo acastanhado ou amarelo pálido; espesso na base; densamente piloso glandular. Folhas oblongas ou lanceoladas; acuminadas; inteiras; 8.5 -14 x4 - 8mm.; abundantemente pilosa glandular; castanhas ou amarelo-pálidas. Inflorescências indefinidas; terminais; espiga (10 - 35 flores); 5 - 9 x 1 - 3,5 cm;. Brácteas escamiformes; lanceoladas ou oblongas; 5-12 x 2 - 4,5 mm; inteiras; acuminadas; castanhas ou amarelo-pálidas; densamente pilosas. Ebracteolado. Cálice (fig. 9-11) dividido em duas metades; 11,5 -18,5 x 4-6 mm; amarelo-acastanhado; densamente piloso e glanduloso; tubo claviculoso aberto pela face dorsal voltada para o caule. Dentes do cálice 4; desiguais; acuminados; inteiros; 4-13 x 1.5 - 2.8mm. Corola sinpétala; campanulada; bilabiada; lóbulos 5; lábio inferior com 3 lóbulos; amarelo acastanhado ou amarelo pálido; pilosidade glandular densa e curta; 14 -20 x 4 - 6,5 mm; lóbulos arredondados. Estame 4; didínamo. Filamento filiforme; 8-10.5 x0.3 - 0.8mm.; amarelo; piloso glandular na base; glabro acima; inserido 3.5-6mm. acima da base da corola. Antera oblonga ou ovoide; mucronada; 2 células; amarela ou branca; 1-1.5 x 0.4 - 0.7mm.; moderadamente lanosa. Ovário ovoide ou sub-esférico; castanho-claro ou castanho-avermelhado; glabro com pilosidade glandular esparsamente pubescente no ápice; 7-10 x 4,5 -5mm. Estilete filiforme; sólido; 7-9x 0.8 - 1.2mm; amarelo acastanhado ou amarelo pálido; abundantemente piloso glandular. Estigma alargado; capitado; 1-2 x 0.5-1.5mm.; castanho escuro; glabro; cápsula oblonga ou ovoide; glabra; amarelo pálido; 6.5-9 x 4-4.5mm. Sementes minúsculas; numerosas; reticuladas; pireformes ou sub-esféricas; 0.22-0.50 x 0.13-0.32mm.

Habitat: Montanhas rochosas e regiões subdesérticas.

Espécimes representativos examinados:

MJS: Singar mt. E. slop. 600 -800 m, 20. maio. 1980, Al-Kasi & Al-Khayat & S. Omer, 52550 (BAG);.

MRO: Colinas acima do riacho logo abaixo de Chaklawa, 28.ago. 1962, F.A. Barkely, 003179 (BUA).

FPF: Estrada geral 15 km. S. E. de Kalar, 6. maio. 2001, S. H. S. Miran & Kh. Musa, 1271 (SUH).

Distribuição: Endémica (Singar mt..)

B - ***Phelypaea*** L. Desf (1839); Bentham, em Ben. & Hooker Gen. Pl. 982-983 (1876); Boiss, Fl. Or. 4: 502(1879); Botany Staff, Kew. Bull. 1915, 285 - 295 (1915); Post., Fl. Syr. Pal. Sin. 2:31 (1933); Zohary, na Fl. do Iraque e seu fitogeo. Sub div. 31: 135 (1946); Parsa, Fl. Del Iran. 4: 518 (1949); Tutin & et al, Fl. Eur. 3: 294 (1972); Roy. Bot. Gar. Kew em Kew. registos de taxo. Literature. 448 - 449 (1975); Davis & et al, Fl. Turkey. 7:1 (1982).

Syn: *Anoplon* (Waller) Reich. *Diphelypaea* Niclson, D. H. (1975)

Ervas anuais ou perenes, peludas. Caule ereto; não ramificado; cilíndrico; sólido ou oco; castanho-escuro; vermelho-acastanhado ou púrpura-acastanhado; piloso glandular. Folhas escamosas; alternas; sésseis; algo suculentas; vermelho-acastanhadas ou púrpura-acastanhadas; pilosas glandulares; Inflorescências indeterminadas; terminais; solitárias; raramente 2 flores. Flores grandes; vermelho vivo - laranja ou vermelho acastanhado. Ebracteat, Ebracteolate. Cálice gamossépalo; campanulado; constituído por 5 sépalas unidas; tubular em baixo; parte superior lobada ou dentada; vermelho acastanhado ou púrpura acastanhado; piloso glandular. Dentes ou lóbulos do cálice 5; inteiros; acuminados ou agudos. Corola sinpétala (gamopétala); campanulada; constituída por 5 pétalas unidas; bilabiada; lóbulos 5; lábio superior com 2 lóbulos; pilosidade glandular escassamente curta; vermelho-alaranjado vivo, vermelho ou púrpura acastanhado; lóbulos alargados; lóbulos arredondados. Androceu (estame) 4; didínamo; epipétalo. Filamento sólido; filiforme ou cilíndrico; amarelo-pálido, branco-amarelado ou castanho; pilosidade glandular escassamente curta; alargado na base; dorsifixo. Antera bicelular; ovoide ou oblonga; deiscente longitudinalmente, vermelho-claro ou laranja-acastanhado; glabra ou com poucas e curtas pilosidades glandulares. Pólen esférico ou subesférico; castanho claro ou amarelo-alaranjado. Gineceu 1. Ovário superior; livre;

sincarpo; unicelular; ovoide ou oblongo; glabro; amarelo-pálido ou púrpura-acastanhado; placentação parietal 4; muitos óvulos anatrópicos. Estilete simples; terminal; sólido; filiforme; castanho-avermelhado, castanho-escuro ou laranja-acastanhado; curvado no ápice em direção às anteras; esparsamente piloso glandular curto ou glabro. Estigma capitado ou discoide; 2 lóbulos grandes; glabro; pilosidade glandular curta; vermelho ou púrpura acastanhado. Cápsula unicelular; deiscente loculicida; 2 valvas; glabra; amarelo-pálido ou castanho-claro; oblonga ou ovoide; com muitas sementes. Sementes minúsculas; numerosas; castanhas ou laranja-acastanhadas; esféricas ou subesféricas; reticuladas.

12 **- *P. coccinea*** (Bieb) Poiret in Lam., Encycl. 5. 268 (1804); Pflanzenreich. 96 (4 - 261): fig. 9. A - B; IC. Bieb., centr. Pl. Rar. Ross. 2: tab. 56 (1832 - 1834); Bentham, em Bentham & Hooker, Gen. Pl. (1876); Post, Fl. Syr. Pal. Sin. 2: 311 (1933); Parsa, Fl. Del Iran. 4: 518 (1949); Tutin & et al, Fl. Eur. 3:294 (1972); Chack, Pl. wealth of Iraq. 1:398 (1976) ; Davis & et al, Fl. Turkey. 7. 21 (1982).

Syn: *Orobanche coccinea* Bieb., Beschr. Land, Terek. Kur Casp. 58:179 (1800); *Lathra phelypaea* L. Var. b. l. (1753); *Anoplon biebersteinii* C.A. Meyer. Verz. Pfl. Cauc. 104 (1831); *Anoplanthus coccineus* (Bieb) Walp., Repert. Bot. Syst. 3: 481 (1844 - 45); *Phelypaea bossier* Stapf in Kew Bull. 1915: 291 (1915); *Anoplon coccineum* (Bieb) H.Riedl & Schiman-Czeika in Fl. Iranica .5: 2 (1964); *Diphelelypaea coccinea* (Bieb). Nicolson in taxon. 24: 654 (1975); *D. boissieri* (Reuter) Nicolson, 10 C. (1975). Ic. Bieb., Center. Pl. Rar. Ross. 2: t 56(1832-43); Pflanzenreich 96 (IV. 261): f. 9 A-B (1930).

Ervas anuais; peludas por pilosidade glandular curta. Caule ereto; não ramificado; cilíndrico oco; piloso glandular pouco pubescente; castanho ou castanho-avermelhado; 20 -60 x 0,5 - 1,2cm. Folhas em forma de escama; sésseis; ovadas ou oblongas; 25-55 x 10-38 mm; vermelhas ou vermelho-acastanhadas; acuminadas; inteiras; pilosidade glandular escassamente curta. Inflorescências indefinidas; terminais; solitárias. Ebracteat. Ebracteolado. Cálice (fig. 9-12) grande; gamossépalo; campanulado; piloso glandular pouco pubescente; 24-36 x 7-14 mm; castanho ou vermelho acastanhado. Dentes do cálice 5; desiguais; agudos ou acuminados; inteiros; dentes longos com 13 - 20 mm de comprimento; comprimento dos dentes curtos 3 - 6 mm. Corola (fig. 11-11) sinpétala; campaulada; 27-55 x 7-22 mm; pilosa glandular esparsamente pubescente; pilosa densamente longa no interior dos lóbulos inferiores; lóbulos 5; lábio inferior 3 lóbulos; lábio superior maior e mais comprido que o inferior; vermelho vivo por dentro e amarelo-alaranjado por fora; estame 4; didínamo. Filamento filiforme; sólido; 13-18 x 0,8 -1,8 mm; vermelho vivo ou púrpura acastanhado; glabro com várias pilosidades glandulares pubescentes no ápice; inserido 4-8 mm acima da base da corola. Antera ovoide ou oblonga; grande; 4 - 6 x 1.5 - 2.5mm.; amarelo-pálido ou amarelo-esbranquiçado; pilosidade glandular longa; mucronada longa. Ovário oblongo ou ovoide; 10 - 17 x 6 -10 mm;

amarelo-pálido ou amarelo-esbranquiçado; glabro. Estilete simples; terminal; glabro; filiforme; 12-19 x 1,5 -2,5 mm; amarelo-alaranjado; estigma com 2 lóbulos grandes; 2,5 - 5 x 2,5 - 4 mm; castanho-escuro; glabro. Cápsula ovoide ou oblonga glabra; 9 -16 x 5 - 8mm; amarelo pálido ou amarelo acastanhado. Sementes minúsculas; numerosas; reticuladas; esféricas; castanho-escuras; 0,20 - 0,42 x 0,10 - 0,23mm.

Habitat: Montanha rochosa 1500-2000m.

Tipo: {inherdidis Caucasia, Marschall, Von Bieberstein (holo. L E).

Espécimes representativos examinados:

MSU: Piramagrun mt. E. virado para a encosta de Per. 1600 -1800 m, 20. maio. 1981. Y. S. Faris, 6036 (SUH); Piramagrun mt., E. virado para a encosta até Sorchal, 1500 -1700 m, 20. maio. 1981, Y.S. Faris, 0041195 (BUH); Piramagrun mt. E., 1500 - 2000 m, 10. May. 2001, S. H. S. Miran & Y.S. Faris (1232, 1233, 1234, 1235, 1236, 1237, 1238, 1239, 1240, 1241, 1242, 1243, 1244, 1245, 1246, 1247, 1248, 1249, 1250, 1251, 1252, 1253) (SUH).

Distribuição: N. Iraque / N. Síria / N. W. Irão / S. Europa. / S. W. Turquia / Cáucaso.

REFERÊNCIAS

- Abu Bakir, S. N. (F. A. O. 2000). Pragas agrícolas e seus princípios de controlo. Programa agrícola. Iraque. Arbil (em árabe). pp. 78, 236.
- Al-Garawi, E. (1988). Estudos sobre dormência, germinação e crescimento de *O.* aegyptiaca Pers e efeito de vários materiais químicos no controlo de parasitas, Universidade de Salahiddin. (em árabe). Citado de Aziz, F. M., F. S. A. Al-Hamawandy e T. O. Al-Khesrajy (1999).
- Al-Hamawandy, F. S. A e T. O. Al-Khesraji (1999). Anatomia de aegyptiaca sementes de vassoura-de-bruxa *(Orobanche* aegyptiaca Pers.). Revista Diala de Educação e Investigadores Científicos. Diala Uni. nº 6. (em árabe). pp. 137-143
- Al-Katib, Y. M. (1988). *Classification of seed Plants.* Universidade de Bagdade: (in Árabe).
- Al-Khesraji, T. O. e F. M. Aziz, (1988). Estudos sobre o endófito e o Upper haustorium of *Orobanche aegyptiaca* Pers. Revista Iraquiana de Ciências Agrícolas "Zanko".

Universidade de Salahiddin. vol. 6. (em árabe). pp. 165 -182.

- Al-Khesraji, T. O, E. Y. Ishaak e K. M. Hamid (1989). Colza de vassoura *O. ramosa* L. em *Prunus armeniaca* L. no Iraque. Arabic Journal Plant Protection journal. vol. 7. (em árabe). pp. 147-152.
- Al-Khesraji, T. O. e A. U. Abdul-Wahid (1988). *Orobanche aegyptiaca* Pers em Arbil, norte do Iraque, e a sua infestação por Phytomyza orobanchia Kait. IraqI journal of agricultural sciences "Zanko" Salahiddin University. vol. 6. No. 3. pp. 71- 82.
- Al. Khesraji, T. O. e K. M. Hameed, (1977). Isolamento de *Orobanche* seedS de Solo. Revista iraquiana de biologia. Associação Iraquiana de Biologia, vol. 5, n.º 1. (em árabe). pp. 20 -31.
- Al-Khesraji, T. O. (1990). Parasitas de plantas com flor. Ministério do Ensino Superior e investigação científica. Universidade de Anbar. (em árabe). pp. 3 -25.
- Al-Mussawi, A. H. (1987), *Plant taxonomy.* Ministério do Ensino Superior e investigação científica, Universidade de Bagdade. (em árabe).
- Al-Rawi, A. (1964). Plantas silvestres do Iraque e sua distribuição, o Ch. Bull. 14, Dir. Género. Agricultura, Res., Proj. Ministério da Agricultura, Imprensa do Governo. p. 148.
- Al-Rawi. F. I. (1983). Relação de alguns fungos do solo com a *Orobanche aegyptiaca* Pers. e suas sementes no solo. (Dissertação de Mestrado). Salahiddin Uni. (em árabe).
- Al-Seaidy, S. S. (1989). Estudos sobre a associação de *Orobanche aegyptiaca* Pers. com algumas plantas cultivadas em relação a estudos de controlo. (Dissertação de Mestrado). Salahiddin Uni. (em árabe).
- Al-Wakeil, A. (1944). Taxonomia vegetal. Faculdade de Agricultura. Jieza Uni. Egito. (em Árabe). p. 230.
- Americanos, P. G. e N. A. Vonzounic, (1995). Controlo de *Orobanche* em couve. Instituto de Investigação Agrícola de Nicósia. (Chipre). p. 7. citado de Leroy, H., et al (1997).
- Andrews, F. A. (1956). The Flowering Plants of the Sudan (As plantas com flor do Sudão). Sudão

vol. 3. pp. 149-152.

- Aziz, F. M., F. S. A. Hamawandy e T. O. Al-Khesraji (1999). Estudo anatómico de A relação entre *Orobanche aegyptiaca* Pers. e o linho, *Linum usitatissmum* C. V. Persidia. Jornal iraquiano de ciências agrícolas "Zanko". Salahiddin Uni. Vol. especial (em árabe). pp. 49 - 62.
- Basak, R. K. (1967). Os grãos de pólen de Solanaceae. Bull. Bot. Soc. Bengal 21(1). pp. 49 - 58
- Batanauny, K. H. (1981). Ecologia e flora do Qatar. Univ. do Qatar. pp. 153 -154.
- Bentham, G. e J. D. Hooker, (1876). Genera Plantarum. 2 Reeve & Co. William & Norgat. Londres. vol. 2. pp.980-987.
- Blackelock, R. A. (1949). O Herbário Rustam, lista sistemática iraquiana (continuação), parte 4. Kew Bull. 3 pp. 441-444.
- Blatter, E. (1914). Flora de Adan, vol. 7. no. 1. p. 83.
- Boissier, E. (1879). Flora Orientalis, Plantas Vasculares, Dicotiledóneas e Genebra. Basileae, Apud George, Biblio polum Lugdunit. vol. 1. pp. 502-519.
- Boissier, E. (1888), Flora Orientalis, Genevae et. Basileae, Apud, Georg, Biblio polum, Lugdunit, vol. 1, pp. 356-357.
- Boulos, L. e R. Al. Hassan, (1986). Dez espécies novas para a flora do Kuwait e Bahrein. Universidade do Kuwait. Investigação científica do Golfo Árabe. H. vol. 4. No. 2. PP. 437- 447.
- Boulos, L. (1988). The weed Flora of Kuwait. Kuwait Uni. p.139.
- Chakravarty, H. L. (1976). Riqueza vegetal do Iraque. (Dicionário). de planta económica indiana Press. vol. 1. p. 398.
- Núcleo. E. L. (1955). Plant taxonomy. England Cliffs, N. J. Prentice. Hall. INC. pp. 397 405.
- Daoud. H. S. (1985). Flora of Kuwait. KPI, em associação com a Universidade do Kuwait, vol. 1. pp. 190 -194.
- Davis, P. H. & J.R. Edmondson e R. R. Mill, (1982). *Flora of Turkey.* A University Press. Edimburgo. vol. 7. pp. 1-23.

- Davis, P. H. e V. H. Heywood, (1963). Principles of Angiosperm Taxonomy. Oliver & Boyd, Edimburgo. p. 558.
- De Candolle, (1846) Prodromous Systimatis Naturalis Rengetabilis. Precili Sumptibus vetoris Masson. p. 717.
- Eiessa, A. S. (1981). *Dictionaire Des Noms des plants.* Bairoot Líbano. p. 131.
- El. Helaly, A. F., Elarosi, M. G. Hassauna e O. A. Al-Menoufi (1973). *Orobanche* spp. no Egito. Fitoftal. Dep. de Patologia Vegetal, *Faculdade de* Agricultura. Universidade de Alexandria, vol. 5. 1-8. pp. 1-10.
- Elia, Y. I., N. A. Al-Sahaf e T. O. Al-Khesraji. (1987). Estudos preliminares sobre *Orobanche aegyptiaca* Pers. no tomateiro. Revista iraquiana de ciências agrícolas "Zanko", Universidade de Salahiddin, vol. 5, n.º 2 (em árabe), pp. 233-241.
- Erdtman, G. (1971). Morfologia *do pólen* e taxonomia das plantas Angiospérmicas. Hafnar publishing company New York. pp. 301-302.
- Faris, Y. S. (1983). As plantas vasculares da montanha Pirramagrun. (Dissertação de Mestrado). Universidade de Salahiddin. Faculdade de Ciências. (em árabe). p. 90.
- Guest, E. R. (1966). *Flora do Iraque.* Ministério da Agricultura da República do Iraque. vol. 1.
- Handle Mazzetti, H. F. (1910). Die Vegetation' sVerhaltnisse von Mesopamien und Curdistão. pp. 406 - 407.
- Hsuck, C., S. Mueller e H. Schildknecht. (1992). Um estimulante de germinação para plantas com flores parasitas de Sorghum bicolor, J. Plant physiology 139 (4). pp. 474 - 478. 474 - 478. citado de Miller.(1994)
- Hutchinson. J. (1959). The Families of Flowering Plants. vol. 1. Dicotiledóneas.
- Jacobson, R. (1986). Prevenção e controlo da vassoura-de-bruxa: problemas agronómicos e métodos disponíveis. in: ter Borg (ed) . LH / VPO Wageningen. Países Baixos. pp. 18 - 24. Citado de Miller. (1994).
- Jaeger, E. C. (1944). A source - book of biological names and terms (2 nd Ed.) Charles C. Thomas, Spring Field, IL
- Jafri, S. M. H. e A. E. Gadi, (1978). Flora of Libya, Al. Fatih University. Tripoli. N.º 55. pp. 1-23.

- Jafri, S. M. H. (1976). Flora of West Pakistan. Universidade de Karachi. No. 98. pp.1- 25.

- Johnlindley. (1964). Illustrated dictionary of botanical terms (Dicionário ilustrado de termos botânicos). Stanford. University.
  Stanford Califórnia.

- Kardy, A. E. R. e H. Tewfic. (1956). *Germinação de sementes em Orobanche crenata Forssk.* Svensk. Bot. Tidsk. 50: pp.469 - 486

- Karim. F. M. (1978). Plantas Parasitas Floridas do Iraque. Ministério da Agricultura. Botânica direção. Abu - Garib. pp. 35 -53.

- Kew Bulletin, (1949). Revisão do trabalho do Royal Botanic Gardens. No. 1. pp. 536 - 538.

- Khalaf. M. K. (1980). As plantas vasculares de Jabal Singar. Universidade de Bagdade. Mestrado. tese (em árabe). pp. 125.

- King, L.J. (1966). Weeds of the world biology and control. Interscience publishers, Inc., Nova Iorque.

- Kuijt, J. (1969), The biology of parasitic flowering plants. Uni. of California press, Barkeley . p. 246.

- Lanjouw, J., S. H. Mamay, R. M. Vaugh, W. Robyns, R. C. Rolins, R. Ross, J. Rousseau, G. M. Schulze, R. Devimorin e F. A. Staafleu (1966). Introductional code of Botanical Nomenclature, Utrecht, Nether lands. p. 117.

- Lawrence, G. H. M. (1951). Taxonomia dos Planetas Vasculares. The Macmillan Company, Nova Iorque. pp .702 - 703.

- Leroy, H., D. Gerry, H. Eric, P. C. Joan, e H. James (1997). Ervas Daninhas do Mundo, Natural Histórias e distribuição. pp. 510 - 530.

- Linnaeus, C. (1753). Species *Plantarum.* vol. 2. Londres. pp.631-634.

- Link E, K. H., J. Sauerborn e M. C. Saxena (1989) *Orobanche* field Guide.
  ICARDA-FLIP, Aleppo. Síria. p.42, citado de Miller (1994).

- Marudarjan, D. (1950). Nota sobre *Orobanche cernua* Loefl. Current Sci. 19 (2). pp. 64 -

65.

- Menscher, W. C. (1948). Weeds. The Macmillan Co., Nova Iorque.
- Migahid, A. M. (1978). Flora of Saudi Arabia, Riyadh Uni. publication vol. 1. pp. 521 522.
- Miller. P. (1994) The biology and distribution of parasitic plants within the Orobanchaceae: Uma visão geral do envolvimento de compostos secundários de plantas. Universidade Estadual do Colorado.
- Nickrent, D. L. (2001). Capítulo 4. Phylogenetic origins of parasitic plants in J. A. Lopez - Saez, P. Catalão e, Saez [eds.], Guia das plantas parasitas da Península Ibérica e Ilhas Baleares. Mundi - Prensa a Libros, S .A., Madrid
- Parker, C. e C. R. Riche (1993). *Ervas daninhas parasitas do mundo.* (Biologia e controlo). pp. 8 -198.
- Parsa, A. (1949). *Flora del, Irão.* Publicação do Museu do Ministério da Educação. D'Histoire Nuturelle de Teheran. voll. 4. pp. 486 -519.
- Parter, C. L. (1959) Taxonomy of flowering plants. Universidade de Wyoming. p. 388.
- Pillia, S. N. e N. S. Murty (1968). Controlo de *Orobanche* por Álcool Alílico. Índia J. agriculture science. vol. 38. citado de Al. Seaidy, S. S. (1989).
- Ponce Deleon, A. Royo e J. I. Cubero (1974). A vassoura *Orobanche crenata* Forsskl; Estrutura e biologia do Parasita. Annals Institute National de. pp. 213 -237. citado de Al. Seaidy, S. S. (1989).
- Pool, J. R. (1941). Flores e plantas com flores. pp. 227-228.
- Porter, C. L. (1967). *Taxonomy of Flowering Plants* Universidade de Wyoming. W. H. Freeman and Company. Sanfransisco. p. 405.
- Post, G. E. (1933*). Flora of Syria,* Palestine and Sinai, American press. Beirute. vol. 2. pp. 310- 316.
- Puzzilli, M. (1973). Antagonismo entre *Orobanche* e Gall Producing Soil

Nemátodo na Parasitização do Tabaco. Atii Gionat fitropatologiche. pp. 131-136. Citado de Al. Seaidy, S. S. (1989).

- Ramaiha, K. V. (1987). Controlo de *Striga* e *Orobanche* secies. Uma revisão, Parasite plantas com flor, (proc. 4th. Int-symp Fl. Pi.) Marburg, F. R. G.
- Rechinger, K. H. (1964). Flora das terras baixas do Iraque. Weinheim Verlag von j. Cramer, Newyork, N. Y. Hafner publishing Co. pp. 551-554.
- Rechinger, K. H. (1964). *Flora Iranica,* Acadimische Druck -u- Verlag santalt Graz-Áustria. no. 5. pp .1-24.
- Rendle, A.B. (1975).The Classification of flowering Plants. dicotyledon Cambridge University Press. Dicotyledon. vol. 2. pp. 530-532.
- Ridda, T. j. e W. H. Daoud, (1982). Distribuição geográfica de plantas vasculares selvagens Plantas do Iraque. Herbário Nacional do Iraque. Uni. pub. p. 90.
- Royal Botanic Gardens, Kew (1949), Review of the work of the Royal Botanic Gardens, Kew, durante 1948. n.º 1. pp. 536-538.
- Royal Botanic Gardens, Kew. (1975). The Kew record of taxonomic literature, Relativo às plantas vasculares. Londres, p. 248.
- Saeed, J. F. (1990). Morfologia-sistemática do género Lappula Gilib (Boraginaceae) no Iraque. Universidade de Salahiddin. (Dissertação de mestrado). Em árabe.pp. 66 - 67.
- Saghir, A. R. (1994). Uma visão geral de uma nova técnica de controlo de *Orobanche.* Planta Protection Quarterly (Austrália). vol. 9. (2). pp. 77- 80.
- Stearn, W. T. (1983). Latim Botânico (História, Gramática, Sintaxe, Terminologia e Vocabulário). 3ª edição, revista, David e Charles Newten Abbottandon North Pomfrit (Vt).
- Stewart, G. R. e M. C. Press. (1990). A fisiologia e a bioquímica dos parasitas angiospérmicas. Annu. Rev. Plant phys. Plant Mol. Biol. 41: pp. 127-151. Citado de Miller 1994.
- Tackholm, V.(1974). Student's flora of Egypt. 2ª edição. Publicado por Cairo

Universidade. Impresso pela Cooperative Printing Company. Beirute. pp. 505 -508.

- Thieret, J. W. (1971) - Os géneros de Orobanchaceae no Sudeste dos Estados Unidos. J. Arnold Arboritum, 52. pp. 404 - 413.
- Townsend, C. C. e E. Guest (1966). Flora of Iraq. Ministério da Agricultura da República do Iraque. do Iraque. vol. 2. pp. 8 -14.
- Tutin, T. G. V. H. Hewood, N. A. Burges, D. M. Moor, D. H. Valentine, S. M. Walter e D. A. Webb (1972). Flora Europe. Cambridge, na University Press. vol. 3. pp. 285 -294.
- Van Hezeweijk, M. J. A. P. Van Beem, J. A. C. Verkkleij e A. H. Pieterse (1993). Germinação de sementes *de Orobanche crenata*, influenciada pela temperatura e período de condicionamento. can. J. Bot. 71 (6): pp. 786 - 792. Citado de Miller (1994).
- Walker, H. C. (1961). Revisão da literatura sobre *Orobanche* com sugestões para a sua controlo. F. A. O. divulgado (n. d). 6 páginas citadas de Al. Seaidy, S. S. (1989).
- Wilhelm, S., Benson e J. A. Sagen (1958). Estudos sobre o controlo da vassoura-de-bruxa em A fumigação do solo do tomateiro com brometo de metilo é uma solução promissora. Controlar as doenças das plantas, repórter 42. p. 645 - 651. Citado de Al. Seaidy, S. S. (1989).
- Willis, J. C. (1973). A dictionary of Flowering Plants and Ferns (Dicionário de Plantas com Flores e Fetos). Ed. 8. Cambridge Imprensa universitária.
- Zohary. M. (1946), The flora of Iraq and its Phytogeographical Subdivision. Iraq Dep. Bula da Agricultura. N. 31. Bagdade. pp. 135 -136.

Apêndice (1) Lista de Orobanchaceae spp. de Handle-Mazzetti (1910) no Iraque

não.	spp.	regiões ou distritos
1	*Cistanche tubulosa* (Schenk) Wight.	DLG, DGA
2	*Orobanche mutelii* Schultz.	MAM
3	*O. aegyptiaca* Pers.	MAM
4	*O. coelestis* Boiss.et Reut. var. *persica*	FPF, LEA
5	*O. cernua* Loefl. var. *nepalensis* Reut, Syn. *O. cernua* var.	DGA
6	*O. major* L.	MAM
7	*O. singarensis* Beck, sp. nova.	MJS
8	*O. anatolica* Boiss.	FNI

Apêndice (2)
Lista de Orobanchaceae spp. de Zohary (1 946) no Iraque.

não.	spp.	regiões ou distritos
1	*Cistnche tubulosa* (schenck) Wight- Beck .	Je. (Beck)
2	*Phelipaea coccinea* (M. B)Poir. - Beck.	A (Nab)
3	*Orobanche mutelii* F. Schultz-Beck.	E (Beck)
4	*O. aegyptiaca* Pers - Beck.	SU (Beck), LM (Beck).
5	*O. coelestis* Boiss. et Reuter-Beck.	Si (BO), LM (HM)
6	*O. cernua* Lo efl-Beck.	Si (Beck), Ki (Beck), Je (HM)
7	*O. singarensis* Beck-Beck.	Si (Beck)
8	*O.kurdica* Boiss. et Haussk.-Beck.	R (Beck)
9	*O. anatolica* Boiss. et Reut.-Beck.	R (Beck)

Apêndice (3)
Lista de Orobanchaceae spp. de Blakelock (1949) no Iraque.

não.	spp.	regiões ou distritos
1	*Cistanche tubulosa* (Schenk)Wight.	FPF
2	*Orobanche aegyptiaca* Pers - Beck.	MAM
3	*O. anatolica* Boiss. et Reut.-Beck.	MRO
4	*O. crenata* Forssk.	MRO
5	*O. ovata* Blakelock	MRO

Apêndice (4) Lista de Orobanchaceae spp. de Rechinger (1964, Flora Iranica) no Iraque.

não.	spp.	regiões ou distritos
1	*Orobanche hohenackeri* Reut.	MAM, MRO
2	*O. lavendulacea* Reichinb.	MSU
3	*O. coelestis* (Reut.) G. Beck. Monogr.	MAM, MRO
4	*O. pogonanthera* Reut.	FKI, FPF, FNI
5	*O. kotschyii* Reut.	MSU
6	*O. cypria* Reut.in unger	MRO
7	*O. kurdica* Boiss., Hausskn.-Boiss.	MRO
8	*O. anatolica* Boiss. & Reut.	MRO, MAM
9	*O. crenata* Forssk.	MSU, FPF
10	*O. cernua* Loeflet & Hisp.	FKI, FUJ
11	*O. camptolips* Boiss. & Reut.	MRO
12	*Cistanche tubulosa* (Schrenk)R. Wight.	FPF

Apêndice (5) Lista de Orobanchaceae spp. de Rechinger (1964, Flora of Lowland Iraq) no Iraque.

não.	spp.	regiões ou distritos
1	*Cistanche tubulosa* (Schenk) Wight.	DGA, DWD, DSD,
2	*C. salsa* (C.A.MEY)G. Beck.	DSD
3	*Orobanche mutelii* Schultz.	LEA
4	*O. aegyptiaca* Pers.	DGA, LCA
5	*O. coelestis* Boiss. et Reut ex-G. Beck.	LEA
6	*O. cernua* Loefl.	DGA, FP, DWD, DSD
7	*O. singarensis* G. Beck.	MJS

Apêndice (6) Lista de Orobanchaceae spp. de Al - Rawi (1964) distribuídas no Iraque

não.	spp.	regiões ou distritos
1	*Orobanche aegyptiaca* Pers.	M, EA, A, R, SU.
2	*O. anatolica* Boiss. & Reut.	R.
3	*O. cernua* Loefl.	LJ.
4	*O. coccinea* (M.B) Poir.	Z: Z (Nab.)
5	*O. coelestis* Boiss. & Reut.	Z: SU, LM
6	*O. kurdica* Boiss. & Hausskn.	Z:SU
7	*O. crenata* Forssk.	R
8	*O. mutelii* F. Schultz.	Z:E
9	*O. ovata* Blakelock	R
10	*O. singarensis* Beck.	Z: Si

Apêndice (7) Lista de Orobanchaceae spp. de Khalaf (1980, tese de mestrado) no Monte Singar, Iraque

Não.	spp.	regiões ou distritos
1	*Orobanche aegyptiaca* Pers.	MJS
2	*O. mutelii* F. Schultz.	MJS
3	*O. singarensis* Beck.	MJS

Apêndice (8) Lista de Orobanchaceae spp. de Ridda & Daoud (1982) no Iraque.

não.	spp.	regiões ou distritos
1	*Cistanche tubulosa* (Schenk.)Wight.	FPF, DLG, DWD, DSD, LEA
2	*Orobanche aegyptiaca* Pers.	MAM, MRO, MSU, FNI, FPF, DLG
3	*O. anatolica* Boiss. & Reut.	MRO
4	*O. cernua* Loefl.	DJG, DWD
5	*O. coelestis* Boiss. et. Reut.	Z:SU (Beck), LM(HM), MRO
6	*O. crenata* Forssk.	MRO
7	*O. kurdica* Boiss et Hausskn.	Z:SU (Beck)
8	*O. mutelii* F. Schultz	Z:E (Beck)
9	*O. ovata* Blakelock.	MRO
10	*O. singarensis* Beck.	Z: Si (Beck), MSU
11	*Phelypaea coccinea* (M. Bieb) Poir.	Z:Z (Nab)

Apêndice (9) Lista de Orobanchaceae spp. de Faris (1983, tese de mestrado) no monte Piramagrun, Iraque

não.	spp.	regiões ou distritos
1	*Orobanche aegyptiaca* Pers.	MSU
2	*O. anatolica* Boiss. & Reut.	MSU
3	*O. kurdica* Boiss. et Hausskn.	MSU
4	*O. ovata* Blakelok.	MSU
5	*Phelypaea coccinea* (M.B) Poir.	MSU

GLOSSÁRIO

- **Acuminado**: Sade com um ápice agudo cujos lados são um pouco côncavos e um ponto prolongado.
- **Aguda**: Aguçado, mas não afunila menos do que um ângulo reto.
- **Alternada**: qualquer disposição de folhas ou outras partes não opostas ou espiraladas colocadas isoladamente em diferentes alturas do eixo ou do caule.
- **Anátropo**: de um óvulo invertido de modo a que a micrópila se encontre junto ao lado do hilo e a chalaza no extremo oposto.
- **Androceu:** a parte masculina da flor, geralmente composta por vários estames.
- **Angiosperma**: Plantas que têm os seus óvulos encerrados num ovário.
- **Anual**: Completa o seu ciclo de vida no prazo de 12 meses após a germinação.
- **Antera**: o suporte polínico do estame, que se encontra na parte superior do filamento ou, por vezes, séssil.
- **Antese**: período de floração.
- **Ápice**: a ponta ou extremidade distal.
- **Bienal**: completa o seu ciclo de vida num período de 2 anos e, geralmente, não floresce no primeiro ano.
- **Bífido**: dividido profundamente em duas partes.
- **Bilabiado**: com 2 lábios.
- **Bissexual**: com ambos os sexos (estames e carpos) presentes e funcionais na mesma flor.
- **Lâmina**: parte expandida de uma folha ou pétala.
- Bráctea: pequena folha ou laranja em forma de escama na axila da qual nasce uma flor ou um ramo de uma inflorescência.
- **Bracteat**: com brácteas.
- **Bracteol**: uma pequena bráctea no pedicelo ou perto da flor.
- **Ramo**: crescimento lateral de um tronco principal.
- **Cálice**: o verticilo exterior do invólucro floral composto pela sépala.
- **Tubo do** cálice: de cálice gamossépalo, utilizado há algum tempo para hipoanismo, que ver.
- **Campanulado**: em forma de sino.
- **Capitado**: com a forma da cabeça de um alfinete, por exemplo, o estigma de algumas flores.

- **Cápsula**: fruto seco e deiscente, composto por duas ou mais carapaças, que se divide ou abre por fendas ou poros quando maduro.
- **Chernozium**: grupo de solos escuros ligeiramente alcalinos sobre o limbo deitado.
- **Classificação:** das plantas, disposição nos respectivos grupos de classe a variedade ou de (taxonomia).
- **Argila**: solo de textura muito fina, com partículas de diâmetro inferior a 0,005 mm, composto principalmente por um silicato hidratado de alumínio em estado semi-coloidal.
- **Fenda:** corte aproximadamente a meio da nervura ou da base.
- **Conectado: unido** ou articulado, em particular dito de uma articulação semelhante ou similar, como um corpo ou órgão.
- **Conivente:** de dois ou mais órgãos, que convergem sem se fundirem?
- **Corola:** o conjunto interior do perianto da flor, com as pétalas em espiral.
- **Planta de captura** (**cultura de captura**): planta hospedeira de ervas daninhas parasitas, que induzem a germinação e são fixadas e lavradas e após 6-8 semanas antes do parasita emergir e produzir.
- **Cosmopolita**: de espécies ou outros taxa com distribuição mundial.
- **Declinado**: inclinado ou curvado para baixo, para a frente ou para o lado.
- **Deltoide** (**Triangular**): em forma de triângulo.
- **Deiscência**: forma de abertura, especialmente numa cápsula ou numa antera.
- **Deiscente**: que se abre espontaneamente quando maduro.
- **Dentada:** a margem é dentada
- **Dicotiledóneas**: com um par de folhas-semente (cotilédones), ou seja, pertencentes ao principal grupo de plantas designado por dicotiledóneas.
- **Didínamo**: com 4 estaminadas em 2 pares de 2 de comprimento desigual.
- **Discoide**: como um disco ou uma placa.
- **Distribuição**: (1) de plantas, a ocorrência de espécies ou outros taxa considerados do ponto de vista geográfico; (2) de precipitação, o espaçamento sazonal da precipitação.
- **Distintas**: separadas, não articuladas nem coerentes com as partes de uma mesma série; as pétalas de uma flor polipétala são distintas.
- **Distrito**: (1) pequena extensão de território (2) em fitogeografia, parte de um sector ou sub-sector.
- **Dominante**: em fitossociologia, do principal constituinte sp. ou spp. de uma associação de comunidades vegetais ou de um estrato dessa associação, que tipifica a principal forma ou formas

de vida caraterísticas e controla o habitat onde essa condição se verifica.

- **Dorsifixas**: de anteras presas pelo meio do dorso.
- **Ebracteat**: sem brácteas.
- **Ecologia**: o estudo dos organismos em relação ao seu ambiente.
- **Elíptico**: mais largo a meio, afunilando gradualmente para ambas as extremidades e cerca de duas vezes mais largo do que comprido se for mais comprido ou e cerca de duas vezes mais largo do que comprido, respetivamente, como estreito ou amplamente elíptico.
- **Embrião:** rudimento da planta dentro de uma semente constituída por radicais de uma região (por exemplo, uma ilha, um país, etc.).
- **Endofítico**: partes do haustório de plantas parasitas que se encontram no interior dos tecidos do hospedeiro.
- **Endosperma:** o tecido nutritivo, colocado no interior do após a fertilização.
- **Inteiro:** não dentado nem cortado (bordo liso).
- **Ambiente:** o conjunto das condições circundantes que afectam os organismos, o seu crescimento e desenvolvimento.
- **Epipétalo:** ligado à corola.
- **Erosão:** a remoção do solo e o rebaixamento gradual da superfície terrestre através da meteorização e do transporte dos detritos resultantes.
- **Família:** em taxonomia, um grupo de géneros aparentados que não se considera como uma ordem, geralmente designado pela adição do sufixo - aceae à raiz do nome do género principal.
- **Fêmea:** do elemento de frutificação das plantas, o estilo do ovário e seus análogos.
- **Fértil:** que produz uma semente capaz de germinar ou uma antera que contém pólen disponível.
- **Filamento:** o pedúnculo do estame que suporta a antera.
- **Filiforme**: semelhante a um fio, longo e cilíndrico.
- **Flora:** as grandes plantas de um país ou de uma outra região.
- **Flor:** termo agregado para os órgãos sexuais das fanerógamas (estames e pistilos) e suas estruturas acessórias, como sépalas, pétalas, etc. Muitas vezes de cores vivas.
- **Planta com flor**: o nome comum ou o fanerogama.
- **Livre:** não aderente nem unido.
- **Fruto:** o ovário amadurecido - estritamente o ovário e a semente, mas frequentemente utilizado para incluir outras partes associadas, por exemplo, o morango (ou o recetáculo carnudo que contém o fruto verdadeiro).

- **Gamopétala:** com as pétalas unidas em tubo ou taça, pelo menos na base.
- **Gamosépalo**: com a articulação das sépalas, pelo menos na sua base.
- **Género**: (Pl. Genera, adj. Genérico): um grupo de espécies relacionadas dentro de uma tribo ou família, idealmente marcado de todos os outros grupos por dois ou três caracteres distintos. Mas tal clareza não se encontra noutros géneros: as espécies de grandes géneros são frequentemente agrupadas em secções e estas secções podem ser divididas em séries.
- **Germinação:** o primeiro ato de crescimento da semente, a germinação.
- **Glabro:** sem pêlos.
- **Glandular:** provido de glândulas.
- **Cascalho**: um agregado de seixos, geralmente com uma mistura considerável de areia, principalmente de origem fluvial, glacial ou marinha.
- **Gineceu**: a parte feminina da flor, constituída por mais um pistilo.
- **Habitat**: local natural de nascimento ou área de ocupação de uma planta; o ambiente em que uma planta vive. Haustório: órgão absorvente de uma planta parasita.
- **Erva (herbácea)**: (1) Qualquer planta vascular em que a parte aérea morre até ao nível do solo na estação favorável (2) de textura não lenhosa.
- **Hermafrodita:** com pistilos e estames na mesma flor.
- **Hilo**: cicatriz deixada na semente pelo pedúnculo do óvulo.
- **Holoparasita**: Organismo que depende inteiramente de outro (hospedeiro) para toda a sua nutrição.
- **Hospedeiro:** planta da qual o parasita se alimenta.
- **Hipogéneo:** de flores com o perianto e o estame aderentes perto e ao lado ou por baixo da base do ovário.
- **Imbricado:** 1. Sobreposto como as telhas de um telhado. (2) de um botão de flor, quando uma pétala ou sépala é totalmente interna e a outra externa e a passagem do ar e da água.
- **Indefinido:** de uma inflorescência indeterminada.
- **Indeterminado:** de uma inflorescência de crescimento indefinido, cujo eixo não termina em flor.
- **Indumentum** : qualquer revestimento, como pêlos, lã, escamas, etc.
- **Inflorescência**: a parte da planta que contém as flores, incluindo os ramos florais, as brácteas e as flores.
- **Inserção:** local de fixação.
- **Introrsos**: de anteras que se abrem em direção ao centro da flor.

- **Lanado**: revestido de pêlos lanosos.
- **Lanceolada**: em forma de lança; muito mais comprida do que larga; alargando-se acima da base e afinando para o ápice.
- **Lax:** solto, não denso.
- **Ciclo de vida**: de uma planta, o curso de desenvolvimento de uma dada fase da sua história de vida para a mesma fase novamente, como da semente para a semente mais uma vez.
- **Limbo:** a parte alargada e achatada do cálice ou da corola que se estreita em garras em liberdade.
- **Calcário:** Rocha sedimentar composta por 50% de carbonato de cal ou magnésia.
- **Linear:** longo e estreito, com o comprimento dos lados paralelos 12 ou mais vezes superior à largura.
- **Lábio:** uma das duas divisões do órgão gamopétalo ou gamossépalo, fendido em posição superior (superior ou posterior) e inferior (inferior ou anterior).
- **Litossolo**: qualquer camada de solo sobre rocha.
- **Lóbulo:** qualquer parte ou segmento de um órgão; especificamente, parte de pétala ou cálice ou folha que representa a divisão até cerca do meio.
- **Localidade (localização)**: ou estação, o local exato de observação.
- **Loculicida**: de uma cápsula que se divide ao meio de cada lóculo.
- **Macho:** de uma planta ou de uma flor, que tem estames ou seus análogos?
- **Mucronado:** de uma folha - ponta e corola e anteras; terminando numa ponta curta e rígida ou mucro.
- **Obrigatório:** essencial ou imperativo, por exemplo, um parasita obrigatório, em que o parasitismo é essencial para o pleno desenvolvimento.
- **Oblongos:** mais compridos do que largos e com os lados quase ou completamente paralelos na maior parte do seu comprimento.
- **Obovado:** ovado, com a parte mais larga acima do meio.
- **Obtuso:** mais rombo do que um ângulo reto.
- **Ótimo:** o mais favorável.
- **Orbicular:** circular.
- **Ovário:** parte inferior do gineceu que contém os óvulos.
- **Ovado:** em forma de ovo (de um órgão plano), com comprimento 2 ou 3 vezes superior à largura, mais largo abaixo do meio.

- **Ovoide:** ovo. Com forma (de um sólido).
- **Óvulo:** estrutura que nasce no ovário e se desenvolve numa semente após a fertilização.
- **Palinologia :** Ciência que se ocupa do estudo da morfologia do pólen
- **Panícula:** estritamente uma inflorescência racemosa com ramos laterais, mas frequentemente aplicada a outras inflorescências ramificadas.
- **Parasita:** planta que obtém o seu alimento de outras plantas vivas às quais está ligada.
- **Placentação parietal:** quando os óvulos estão ligados à superfície interna da parede do ovário sincarpado uniloculado.
- **Pedicelo:** o pedúnculo de uma flor individual (ou da espigueta nas Gramíneas).
- **Pedúnculo:** estritamente o pedúnculo de uma inflorescência ou de uma inflorescência parcial, mas frequentemente utilizado para designar um pedicelo ou pedúnculo de uma única flor.
- **Perene:** de duração superior a dois anos.
- **Perfeito:** (1) de flores ou espigas, com órgãos masculinos e femininos (2) de anteras com pólen fértil.
- **Persistente:** permanecer ligado, não cair.
- **Pétala**: membro da série interna dos segmentos do perianto, diferente da série externa e, sobretudo, se for de cor viva.
- **Fanerógama**: planta que produz sementes ou espermatófita.
- **Fisiografia**: estudo e descrição das caraterísticas naturais da superfície do planeta, ou seja, geografia física.
- **Fitogeografia** (**Geobotânica**): o estudo da distribuição das plantas, ou seja, a geografia das plantas.
- Piloso: peludo com pêlos longos e macios.
- **Pistilo:** órgão reprodutor feminino da flor, constituído, quando completo, pelo estigma, pelo estilete e pelo ovário.
- **Com caroço:** com pequenas depressões ou cavidades.
- **Placentação**: a posição da placenta no ovário.
- **Pólen:** os micrósporos ou grãos (corpos reprodutores masculinos) das plantas com flor.
- **Polipétalo**: com as pétalas livres umas das outras.
- **Polissepálicas**: com as sépalas livres umas das outras.
- **Pubescente:** coberto de pêlos curtos e macios.

- **Pera de (piriforme)**: em forma de pera.
- **Racemo:** inflorescência racemosa não ramificada em que as flores nascem em pedicelos.
- **Radícula**: a radícula do embrião.
- **Ramosa**: muito ramificada.
- **Região:** (1) grande extensão de território (cf. Distrito) (2) em fitogeografia, o território ocupado por uma associação ou grupo superior de comunidades vegetais.
- **Reniforme**: em forma de rim.
- **Reticulado:** marcado com uma rede - trabalho geralmente de veias e superfície de sementes.
- **Arredondado:** do ápice da folha, da corola, etc., como parte de um círculo.
- **Escama:** (1) qualquer corpo escamoso fino (1) uma folha reduzida, geralmente séssil, cariada e não verde (3) espécie de indumento em forma de pequeno disco achatado preso pelo centro.
- **Semente:** corpo reprodutor multicelular formado a partir de um óvulo fertilizado e amadurecido.
- **Sépala:** um membro da série externa de segmentos do perianto, muitas vezes verde e um pouco foliar - como recolher as sépalas para o cálice.
- **Séssil:** sem pedúnculo.
- **Solo:** As camadas superiores da crosta terrestre, geralmente compostas por partículas relativamente finas e não consolidadas de rocha desintegrada com alguma mistura de húmus.
- **Solitário:** nascido solitário ou sozinho.
- **Espiga: racemo** simples com flores sésseis.
- **Esporado**: que possui um esporão ou esporões.
- **Estame:** órgão reprodutor masculino das plantas, homólogo ao microsporófilo de algumas plantas inferiores, constituído frequentemente por um filamento e uma antera.
- **Caule:** eixo principal de uma folha e de uma flor.
- **Estéril:** órgão sexual com função de sorte.
- **Estigma:** a parte do pistilo, que recebe o pólen, geralmente séssil, ou em direção ao ápice do estilo ou dos seus ramos.
- **Estriado:** marcado por longas linhas paralelas, sulcos ou cristas.
- **Strigol:** substâncias químicas libertadas pelas raízes de algumas plantas, que estimulam a germinação de sementes de algumas plantas parasitas.
- **Estilete:** parte alongada da ligação do pistilo entre o estigma e o ovário.
- **Sub-sésseis:** de folhas ou brácteas com pedicelo curto.

- **Suculenta: suculenta**, carnuda ou sapuda, particularmente das folhas ou caules inchados da categoria de plantas xerófitas vulgarmente conhecidas como (suculentas).
- **Germinação suicida**: germinação de sementes de plantas parasitas quando o hospedeiro está ausente.
- **Superior:** de um ovário com o perianto e os estames fixados abaixo dele no recetáculo, o ovário é denominado superior tanto na flor hipógena como na flor peregina.
- **Sincárpico (apocárpico)**: composto por duas ou mais carpas unidas.
- **Sinónimo**: outro nome para a mesma planta, subsequentemente considerado como sendo o mesmo.
- Sinpétalas (**gamopétalas**): as pétalas estão marginalmente ligadas, pelo menos na base.
- **Terminal**: na ponta, na extremidade apical ou distal.
- **Garganta:** numa corola gamopétala, onde o limbo e o tubo se encontram.
- **Topografia:** as caraterísticas naturais do país ou dos distritos, a sua descrição pormenorizada e a sua cartografia.
- **Tuberculose:** como todas as tumefacções esféricas ou ovóides.
- **Tipo:** (1) em nomenclatura, o espécime ou outro elemento em que se baseia uma espécie, género ou outro taxon (2) geral para a estrutura comum a um certo número de indivíduos.
- **Haustório superior**: Uma parte do haustório que está presente fora dos tecidos radiculares da planta hospedeira.
- **Válvula:** uma das partes da parede do ovário maduro que produz a divisão da cápsula.
- **Veia (nervo)**: fio de tecido condutor ou de reforço que atravessa uma folha ou outro órgão.
- **Ventricose** : inchada ou desejosa de um lado.
- **Lanoso:** coberto por pêlos longos, macios e menos emaranhados como a lã, lanudo.
- **Zigomorfa**: flor que pode ser dividida em duas metades iguais num só plano, também chamada flor irregular.

MIX
Papier aus verantwortungsvollen Quellen
Paper from responsible sources
FSC® C105338

Printed by Books on Demand GmbH, Norderstedt / Germany